纺织前沿技术出版工程

U0149700

耐极端环境树脂基复合材料
制备关键技术

樊威 著

中国纺织出版社有限公司

内 容 提 要

本书主要内容包括：绪论、耐热氧环境树脂基复合材料制备关键技术、耐海水环境树脂基复合材料制备关键技术、先进树脂基复合材料老化寿命预测及耐极端环境先进树脂基复合材料制备展望。

本书可供复合材料等相关行业从事生产、科研及产品开发的工程技术人员参考阅读。

图书在版编目（CIP）数据

耐极端环境树脂基复合材料制备关键技术 / 樊威著 . -- 北京：中国纺织出版社有限公司，2020.7

纺织前沿技术出版工程

ISBN 978-7-5180-7611-6

Ⅰ．①耐… Ⅱ．①樊… Ⅲ．①树脂基复合材料—材料制备 Ⅳ．① TB332

中国版本图书馆 CIP 数据核字（2020）第 121673 号

责任编辑：范雨昕　责任校对：王蕙莹　责任印制：何　建

中国纺织出版社有限公司出版发行
地址：北京市朝阳区百子湾东里A407号楼　邮政编码：100124
销售电话：010—67004422　传真：010—87155801
http://www.c-textilep.com
中国纺织出版社天猫旗舰店
官方微博 http://weibo.com/2119887771
北京玺诚印务有限公司印刷　各地新华书店经销
2020年7月第1版第1次印刷
开本：710×1000　1/16　印张：14.25
字数：205千字　定价：98.00元

前　言

先进树脂基复合材料是由基体树脂和连续纤维增强体构成，具有比强度、比刚度高，可设计性强，耐腐蚀，抗疲劳性能好以及具有特殊功能（光、电、磁等）等优点的一类复合材料。在制造技术方面，先进树脂基复合材料对于结构形状复杂的大型制件也能实现一次成型，从而使部件中零件数目明显减少，避免过多的接头，显著降低应力集中，减少制造工序和加工量，大量节省原材料。先进树脂基复合材料因具有独特的优势，使其成为飞机、导弹、火箭、人造卫星、舰船、兵工武器等结构上不可或缺的战略材料。

随着科技的飞速发展和应用的不断深入，先进树脂基复合材料被期望可以长期在极端环境下（如温度、湿度、化学介质、辐射等）工作，例如新一代高推重比航空发动机热端结构、高速飞行器热防护结构以及深海探测器结构部件等。长期暴露于这种极端环境下，会使先进树脂基复合材料发生化学物理变化，即老化。老化会导致纤维/基体脱黏、基体树脂降解、纤维性能下降，为其后续使用带来安全隐患，特别是在遭受到外部载荷时容易诱发分层破坏，降低其使用寿命。

本书针对适用于极端服役环境（热氧环境和海水环境）先进树脂基复合材料的需求，结合目前的研究现状，从材料组成、结构设计和制备的角度浅析适用于不同服役要求的先进树脂基复合材料的构建，为先进树脂基复合材料在极端环境下的性能优化提供借鉴。

由于编著者水平有限，纰漏之处在所难免，殷切希望读者批评指正。

著者

2020年5月

目　录

第1章　绪论 ……………………………………………………… 001

1.1　先进树脂基复合材料的概念 ………………………………… 001

1.2　先进树脂基复合材料的命名及分类 ………………………… 003

　　1.2.1　先进树脂基复合材料的命名 ………………………… 003

　　1.2.2　先进树脂基复合材料的分类 ………………………… 003

1.3　树脂基体类型 ………………………………………………… 004

　　1.3.1　高性能酚醛树脂基体 ………………………………… 004

　　1.3.2　高性能环氧树脂基体 ………………………………… 007

　　1.3.3　双马来酰亚胺树脂基体 ……………………………… 009

　　1.3.4　氰酸酯树脂基体 ……………………………………… 011

　　1.3.5　热固性聚酰亚胺树脂基体 …………………………… 012

1.4　先进树脂复合材料增强体结构类型 ………………………… 014

　　1.4.1　直线长纤维系统（Continuous filament system）… 014

　　1.4.2　平面交织系统（2D）（Planar interlaced or
　　　　　interloop system）……………………………………… 015

　　1.4.3　完全整体系统（Fully integrated system, 3D）… 017

1.5　复合材料的成型方法 ………………………………………… 023

　　1.5.1　手糊成型工艺 ………………………………………… 024

　　1.5.2　真空袋压成型 ………………………………………… 025

　　1.5.3　喷射成型 ……………………………………………… 026

　　1.5.4　拉挤成型 ……………………………………………… 026

　　1.5.5　模压成型工艺 ………………………………………… 027

　　1.5.6　缠绕成型工艺 ································ 028

　　1.5.7　树脂传递模塑成型工艺 ·················· 029

1.6　先进树脂基复合材料的特征 ·················· 031

　　1.6.1　比强度、比模量高，减震好 ············· 032

　　1.6.2　性能具备明显的方向性 ·················· 032

　　1.6.3　对湿热环境敏感 ························· 033

　　1.6.4　主要缺陷/损伤形成不同 ················· 033

　　1.6.5　抗疲劳性好 ····························· 034

　　1.6.6　性能数据分散系数较大 ·················· 034

1.7　复合材料的应用 ······························· 034

　　1.7.1　在建筑领域中的应用 ···················· 034

　　1.7.2　在化学工业中的应用 ···················· 035

　　1.7.3　在机械工业中的应用 ···················· 036

　　1.7.4　在医疗、体育、娱乐方面的应用 ········· 036

　　1.7.5　在军事领域的应用 ······················ 037

　　1.7.6　在航空航天中的应用 ···················· 038

1.8　先进树脂基复合材料的研究进展 ·············· 039

　　1.8.1　先进树脂基复合材料的研究现状 ········· 039

　　1.8.2　先进树脂基复合材料的展望 ·············· 039

1.9　复合材料在21世纪的作用 ····················· 041

参考文献 ··· 042

第2章　耐热氧环境树脂基复合材料制备关键技术 ·········· 044

2.1　热氧老化实验设计 ····························· 044

　　2.1.1　老化温度的选择 ························· 045

　　2.1.2　老化时间的选择 ························· 045

2.2　热氧老化机理 ································· 046

　　2.2.1　纤维老化 ······························· 046

　　2.2.2　基体老化 ······························· 047

　　2.2.3　界面老化 ······························· 060

2.3　热氧环境下复合材料耐久性的影响因素 ········ 065

2.3.1 树脂基体的影响 ·················· 065

2.3.2 界面性能的影响 ·················· 066

2.3.3 增强体的影响 ·················· 066

2.4 整体增强体结构提高复合材料热氧环境下的耐久性 ·········· 069

2.4.1 热氧环境下复合材料的结构变化 ·········· 070

2.4.2 热氧环境下复合材料振动性能的变化 ·········· 075

2.4.3 热氧环境下复合材料电磁性能的变化 ·········· 078

2.4.4 三维编织结构增强树脂基复合材料极端环境下
的抗冲击性 ·················· 080

2.4.5 三维整体结构增强树脂基复合材料热氧环境下
的弯曲性能 ·················· 084

2.4.6 三维整体结构增强树脂基复合材料热氧环境下
的剪切性能 ·················· 092

2.4.7 三维整体结构增强树脂基复合材料热氧环境下
的导热性能 ·················· 096

2.5 界面改性提高复合材料热氧环境下的耐久性 ·········· 098

2.5.1 石墨烯改性复合材料界面相结构的研究 ·········· 099

2.5.2 石墨烯改性复合材料的导热性能 ·········· 101

2.5.3 极端条件下石墨烯改性复合材料的结构变化 ·········· 102

2.5.4 石墨烯改性复合材料的玻璃化转变温度 ·········· 104

2.5.5 极端条件下石墨烯改性复合材料的失重 ·········· 106

2.5.6 热氧环境下石墨烯改性复合材料的剪切
和弯曲强度变化 ·················· 107

2.5.7 热氧环境下石墨烯改性复合材料的冲击性能 ·········· 111

2.5.8 极端条件下石墨烯改性复合材料的振动性能 ·········· 114

参考文献 ·················· 117

第3章 耐海水环境树脂基复合材料制备关键技术 ·········· 120

3.1 引言 ·················· 120

3.2 耐海水环境先进树脂复合材料的制备 ·········· 121

3.3 海水老化试验设计 ·················· 124

3.4 先进树脂基复合材料海水老化机理 ……………………… 126
   3.4.1 树脂基体老化 …………………………… 126
   3.4.2 纤维海水老化 …………………………… 129
   3.4.3 纤维/基体界面海水老化 ………………… 134
3.5 增强体结构对复合材料海水老化性能的影响 ……… 144
   3.5.1 海水老化前复合材料的弯曲疲劳性能 ……… 144
   3.5.2 混杂复合材料弯曲疲劳响应与性能对比 …… 148
参考文献 ……………………………………… 158

第4章 先进树脂基复合材料老化寿命预测 …………… 160
4.1 理论预测模型 …………………………… 160
   4.1.1 预测模型分类 …………………………… 160
   4.1.2 先进树脂基复合材料热氧老化寿命预测模型 …… 164
   4.1.3 三维四向编织碳/环氧复合材料和层合平纹碳布/
       环氧复合材料储存寿命的可靠性计算 …… 185
4.2 有限元预测模型 ………………………… 188
   4.2.1 有限元论述 ……………………………… 188
   4.2.2 有限元的发展及应用 …………………… 190
   4.2.3 先进树脂基复合材料热氧老化的有限元预测模型 … 193
   4.2.4 小结 ……………………………………… 208
参考文献 ……………………………………… 208

第5章 耐极端环境先进树脂基复合材料制备展望 ……… 211
5.1 表面功能涂层防护 ……………………… 211
   5.1.1 热喷涂 …………………………………… 212
   5.1.2 冷喷涂 …………………………………… 212
   5.1.3 化学气相沉积 …………………………… 212
   5.1.4 磁控溅射 ………………………………… 212
   5.1.5 溶胶—凝胶法 …………………………… 213
5.2 基体老化防护 …………………………… 213
   5.2.1 树脂基体改性 …………………………… 213

5.2.2　添加第二相粒子 ……………………………………… 214

5.3　界面老化防护 …………………………………………… 215

5.3.1　树脂基体改性 ………………………………………… 215

5.3.2　纤维表面处理 ………………………………………… 215

5.4　未来发展趋势 …………………………………………… 216

参考文献 ……………………………………………………… 217

第1章　绪论

21世纪是一个富有竞争性和挑战性的时代，新材料、新技术的发展是当代工业发展与经济竞争的主要立足点。复合材料对现代科学技术的发展，具有十分重要的作用，它们将支撑科学技术的进步和挑起经济实力的脊梁。先进树脂基复合材料（ACM）具有比强度高、比模量大、耐高温、耐腐蚀等一系列优点，使其在各种武器装备的轻量化、小型化和高性能化上起到至关重要的作用，使之成为飞机、导弹、火箭、人造卫星、舰船、兵工武器等结构上不可或缺的战略材料。复合材料的研究深度和应用广度及其生产发展的速度和规模，已成为衡量一个国家科学技术先进水平的重要标志之一。其科技发展水平是关系未来新一代作战飞机、高速飞行器、导弹发动机壳体、深海探测等国家重大工程装备需求和缩小与发达国家差距的决定因素。

本书针对新一代高推重比航空发动机热端结构、高速飞行器热防护结构以及深海探测器结构部件对适用于极端服役环境先进树脂基复合材料的需求，结合目前的研究现状，从组成、结构设计和制备的角度浅析适用于不同服役要求的先进树脂基复合材料的构建，为材料在极端环境下的性能优化提供借鉴。

1.1　先进树脂基复合材料的概念

复合材料结构复杂，应用广泛，如何精确定义并不是一件容易的事情，不同领域的专家对其定义表述也各不相同。从广义角度来讲，任何由两种或两种以上不同材料复合而成的新材料都可以叫作复合材料。这是目前有关复合材料最简单，也是常见的定义，但其表述不够精确。因为根据此定义，复合材料包括的范围很广，从天然材料到人工材料，从生物材料到无生命材料，都可以列举出许多符合上述定义的材料。例如天然材料中，属于生物材料的有木材、竹子、骨骼、肌肉与动物犄角等都可看成复合材料。其中树木、竹子是由纤维素和木质素复合而成的，纤维素抗拉强度大，但刚性小，比较柔软，而木质素则把众多的纤维素黏结成为刚性体；动物的骨骼是由硬而脆的磷酸盐和软而韧的蛋白质骨胶组成的复合材料。属于非生物材料的则有岩石、云母等。人工材料中的混凝土、共晶态金属等都是复合材料。因此，这个定义范围太广，无法明确指出具体的研究内容。

因此，从狭义角度来讲，复合材料是一类结构材料。在上述定义下，其中至少一种组分材料是增强体（reinforcement），一种是基体（matrix），通过人工复合工艺制造的具有多相细观结构的有特殊性能的新型固体材料系统。组分材料除了界面有弱化学反应外，基本是物理结合。这个定义明确限定了所要讨论的复合材料是人工复合的、多相的、具有细观结构的，性能全新的材料系统。其中，基体通常是连续的，而分布在基体中的增强体，它们可能是纤维也可能是颗粒。

先进树脂基复合材料是由基体树脂和连续纤维增强体构成，具有比强度、比刚度高，可设计性强，耐腐蚀，抗疲劳性能好以及具有特殊功能（光、电、磁等）等优点的一类复合材料。与传统的钢、铝合金结构类材料相比，先进树脂基复合材料的密度小（约为钢材的1/5，铝合金的1/2）、质量轻，比强度和比模量明显高于二者。使用先进树脂基复合材料代替钢、铝合金等金属材料，可以显著降低结构质量。此外，在制造成型方面，先进树脂基复合材料对于结构形状复杂的大型构件也可以实现一次性成型，明显减少了部件中的零件数目，减小了加工量和制造工序，也避免接头过多而产生的应力集中，不仅可提高材料的使用寿命，也大量节省了制造原料和成本，在航空航天、汽车、体育用品等领域得到了广泛的应用，成为发展迅速，应用广阔的一类非常重要的复合材料。

1.2 先进树脂基复合材料的命名及分类

1.2.1 先进树脂基复合材料的命名

目前，虽然世界上各领域都有复合材料的身影出现，但对于复合材料的命名而言，并没有统一规定的命名规则。当前较为普遍的方法是根据增强体或基体的名称来命名，一般有以下三种情况：

（1）强调基体时，以基体材料的名称为主命名。例如树脂基复合材料、金属基复合材料、碳基复合材料以及陶瓷基复合材料等。

（2）强调增强体时，以增强体材料的名称为主命名。例如碳纤维增强复合材料、玻璃纤维增强复合材料以及碳化硅增强复合材料等。

（3）基体材料名称与增强体材料名称并用命名。这种方法常用来表述某一种具体的复合材料，相比于前两种命名方法而言更有针对性和具体性。当采用这种方法命名时，人们习惯将增强体材料的名称放在前面，基体材料的名称放在后面。例如玻璃纤维增强环氧树脂复合材料、碳纤维增强双马树脂复合材料以及碳/玻璃纤维增强酚醛树脂复合材料等。

1.2.2 先进树脂基复合材料的分类

复合材料种类繁多，与其命名一样，目前暂无统一的分类方法，常见的分类方法有以下五种。

1.2.2.1 按增强体结构不同分类

按增强体结构不同可分为单向纤维增强、二维层合织物增强、三维立体针织/机织/编织/非织织物增强以及连续纤维混杂复合材料。

1.2.2.2 按增强纤维种类不同分类

按增强纤维种类不同可分为玻璃纤维增强复合材料；碳纤维增强复合材

料；有机纤维增强复合材料，如芳香族聚酰胺纤维、芳香族聚酯纤维、高强度聚烯烃纤维等；金属纤维增强复合材料，如钨纤维、不锈钢丝等；陶瓷纤维增强复合材料，如氧化铝纤维、碳化硅纤维、硼纤维等。

1.2.2.3 按基体材料不同分类

按基体材料不同可分为环氧树脂复合材料、酚醛树脂复合材料以及双马树脂复合材料等。

1.2.2.4 按复合材料使用功能不同分类

（1）结构复合材料：主要是作为承载结构使用的复合材料，它基本上是由能承受载荷的增强体成分与分配和传递载荷作用的基体成分构成。

（2）功能复合材料:具有某种特殊的物理或化学特性，如声、光、电、热、磁、耐腐蚀、电磁波吸收等。

1.2.2.5 按复合材料性质不同分类

（1）同质复合材料：指增强材料和基体材料属于同种物质的复合材料，如碳/碳复合材料即为典型的同质复合材料。

（2）异质复合材料：除去同质复合材料以外的均为异质复合材料，如碳/环氧复合材料、玻璃/双马来酰亚胺复合材料等。先进树脂基复合材料多为异质复合材料。

1.3 树脂基体类型

目前，使用较多的聚合物树脂基体类型主要有高性能酚醛树脂基体、高性能环氧树脂基体、双马来酰亚胺树脂基体、氰酸酯树脂基体、热固性聚酰亚胺树脂基体等。

1.3.1 高性能酚醛树脂基体

酚醛树脂是指由酚类化合物与醛类化合物缩聚而得到的一类聚合物材料，

其中酚醛与甲醛缩聚得到的酚醛树脂是最重要的材料之一。在目前缩聚类塑料中，以酚醛树脂为基础的塑料因其原料来源广泛、价格低廉、性能优异等优点成为应用极广，产量极大的一类聚合物塑料。

1872年，德国化学家拜尔（A. Baeyer）首先合成了酚醛树脂，他发现酚和醛在酸性条件下可形成树脂状产物，酚醛树脂也成为第一个人工合成并工业化的高分子化合物，至今使用已有百年历史。在1910年，巴克兰（Backeland）提出关于酚醛树脂加压加热固化的专利，即在高温和加热条件下使预聚体发生固化，成功确立"缩合反应"。同时他还指出，缩合反应所得到的酚醛树脂是否具有热塑性取决于酚醛和甲醛原料的用量比及所用的催化剂类型，并介绍了引入木粉或其他填料可以克服树脂脆的缺点，实现了酚醛树脂的工业化生产，并为其应用奠定了坚实的基础。随后，不同科学家在酚醛树脂方面又有了新的发现，极大地推动了在工业领域的发展与应用。目前，根据航空航天、汽车工业等领域的需求，科学工作者经过大量研究，在其高性能化方面做了大量工作，充分发挥了酚醛树脂的潜力，同时又开发了许多具有高性能的复合材料新品种。

1.3.1.1 合成

酚醛树脂的合成可分为两类，分别为线型酚醛树脂的合成与热固性酚醛树脂的合成。线型酚醛树脂的合成是少量的甲醛和过量的苯酚［通常酚与醛的用量摩尔比为1：（0.75～0.85）］在pH值小于3.0的条件下完成的，苯酚的用量增加会使酚醛树脂的相对分子质量降低，从而生成低分子量的线型聚合物，若甲醛含量过高，则会生成热固性树脂。线型酚醛树脂本身是稳定的，需要借助固化剂等外加条件才能完成后期的固化反应，在没有添加固化剂时，能够溶解于有机溶剂，加热能够熔融，即使长期加热也不会固化。

热固性酚醛树脂通常是在碱性条件下（pH为8～11）由过量的甲醛和少量的苯酚［通常酚与醛的用量摩尔比为（0.75～0.85）：1］反应得到的。由于体系中甲醛含量多，并含有一部分未反应的羟甲基成分，无须外接催化即可通过高温加热自身反应生成不溶和不熔的固化产物。

1.3.1.2 性能及应用

（1）耐高温性能：酚醛树脂因具有大量的苯环结构和交联密度较高而具有优异的耐热性能，即便在高温下酚醛树脂的结构依然保持稳定，因此耐高温是其最主要的特征之一。所以酚醛树脂可以用于包括摩擦材料和耐火材料在内的高温领域，同时也可应用在机械与航空航天等工业领域。

（2）黏结强度高：除去优异的耐热性能，酚醛树脂还有卓越的黏结性，目前酚醛树脂在黏结性上的应用程度甚至超过了其耐热性能，因为分子结构中具有大量的极性基团，可以保证黏结面的稳固。酚醛树脂作为黏合剂的作用是将粉末颗粒和耐火材料经高温后黏合在一起。与传统的黏合剂相比，酚醛树脂更加环保，且具有更高的黏结强度，还可以与多种粉末状的填充物通过热压成型、注塑成型或传递模塑等工艺制成具有高强度、耐高温和尺寸稳定性的复合材料。

（3）耐化学性：经过交联后的树脂会具有良好的化学稳定性。

（4）阻燃性：酚醛树脂是一种少见的无须添加任何阻燃剂，通过自身优势就可达到阻燃效果的高分子物质。在酚醛树脂在制备成泡沫或复合材料制品时利用价值大大提升，这些制品均具有优异的阻燃性能。

（5）燃烧时低烟低毒：酚醛树脂经过燃烧后会产生水蒸气或碳氢、碳氧化合物等物质，并且燃烧过程烟雾产生少，毒性比较低。这些特性使酚醛树脂更加适合应用于化工、交通、建筑和采矿等在安全和运输要求非常严格的领域。

尽管如此，酚醛树脂仍存在一些结构上的弱点，主要表现在结构中的酚羟基和亚甲基容易氧化，这会使其耐热性和耐氧化性受到影响；此外，固化后的酚醛树脂因酚核间仅由亚甲基相连而呈现出一定的脆性，韧性有待提高；同时因为酚羟基容易吸水，影响制品的电性能、力学性能和耐碱性，成型工艺中的高温高压也会在一定程度上限制其作为高性能复合材料基体树脂的广泛使用。因此需要对其性能进行改善。

1.3.1.3 酚醛树脂的改性

（1）增韧改性：提高酚醛树脂韧性的主要方法有内增韧和外增韧，内增韧是在酚醛树脂中加入内增韧物质，如使酚羟基醚化、在酚核间引入长的亚甲基链及其他柔性基团等；外增韧是在酚醛树脂中加入天然橡胶、丁腈橡胶等外加物质。

（2）耐热改性：酚醛树脂具有良好的耐热性能。但随其应用领域的不断扩展和当前行业对产品性能要求的不断提高，酚醛树脂固有的耐热性能已不能完全适应时代发展的要求。因此，合成具有更高耐热性能的酚醛树脂成为目前改性酚醛树脂的一个研究热点。使用较多的主要有硼改性酚醛树脂、钼酸改性酚醛树脂、磷改性酚醛树脂和有机硅改性酚醛树脂。

除上述方法之外，还有聚砜改性、重金属改性、二甲苯改性、芳烷基醚改性酚醛树脂的方法。

1.3.2　高性能环氧树脂基体

环氧树脂（epoxyresin）是指分子中含有两个或两个以上环氧基团的一类高分子化合物，从20世纪40年代以来，逐渐发展成为一类包含许多类型的热固性树脂，如缩水甘油胺、缩水甘油酯及脂肪族环氧树脂等。环氧树脂具有优良的工艺性能、物理性能和力学性能，且价格低廉，目前已作为涂料、胶黏剂、树脂基体、电子封装材料等广泛应用于机械、电子、航空航天、交通运输、建筑工程等领域。

1.3.2.1　合成

高性能环氧树脂的合成一般由含有多个活泼氢的化合物（如多元胺或多元醇）和环氧氯丙烷在强碱（如KOH、NaOH等）条件下缩聚而得。在缩聚反应中，会发生环氧基和活泼氢反应而导致分子链的延长，通过控制环氧氯丙烷与活泼氢化合物的摩尔比和反应条件，可以合成不同分子量的环氧树脂，当加入过量的环氧氯丙烷时，合成的为低分子量的树脂。在环氧树脂合成的过程中，会存在一些类似环氧氯丙烷和树脂的环氧端基水解、支化反应等的副反应，这些副反应会影响环氧树脂的质量和后期固化物的性能，其控制指标有：环氧值、无机氯含量、总氯含量、分子量以及树脂黏度和软化点等。

1.3.2.2 特点及应用

环氧树脂的种类较多，其中双酚A型环氧树脂具有流动性好，原料来源广，成本低，产量大的优点，成为环氧树脂中最重要和用途最广的一种，也称为通用型环氧树脂。双酚A型环氧树脂的分子结构如图1-1所示。

从其分子结构中可以看出，分子链中含有活性很强的环氧基团和羟基，它们赋予环氧树脂与其他活性基团反应的特性，有利于环氧树脂的改性和固化。双酚A型环氧树脂分子中含有醚键和羟基，与金属、非金属材料（除聚四氟乙烯、聚丙烯等非极性的聚合物不能用环氧树脂胶黏剂直接黏结）均有很强的黏

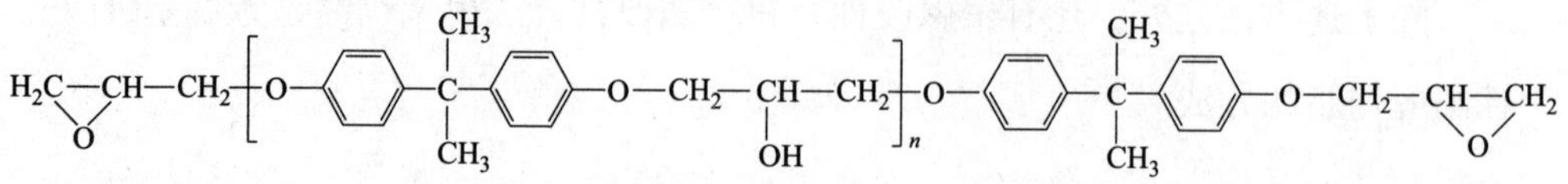

图1-1 双酚A型环氧树脂的分子结构

结性。此外，线型结构的—O—和C—C使环氧树脂分子具有柔顺性，而苯环使环氧树脂具有耐热和刚性的特点，C—O的键能比较大，提高了环氧树脂的耐碱性。基于以上结构特性，使得环氧树脂具有优良的耐化学品性、耐碱、耐热、黏附力强、电绝缘性能，使其在航空航天、涂料、胶黏剂、电气等领域得到广泛应用。

1.3.2.3 环氧树脂的增韧改性

韧性较差是环氧树脂最大的弱点之一，固化后的环氧树脂较脆，耐冲击性能差，容易开裂，因此用于高性能复合材料时，需要对其进行改性。目前常用的方法有：用第二相物质（弹性体、热塑性树脂、刚性颗粒等）来增韧改性；用热塑性树脂连续贯穿热固性树脂中形成互穿网络结构来增韧改性；通过改变交联网络的化学结构来提高网链分子的活性能力而达到增韧的效果；通过控制分子交联状态的不均匀性来形成有利于塑性形变的非均匀结构而实现增韧。

其中，氰酸酯是一类综合性能优良、工艺性好的热固性树脂，是一种常用来改性环氧树脂的物质。利用氰酸酯树脂改性环氧树脂后，固化后的树脂分子结构中不含羟基和氨基等极性基团，可改善环氧树脂吸湿率高的缺点，提高耐

湿热性能；加之树脂中含有五元噁唑啉杂环和六元三嗪环结构，使材料具有良好的耐热性；除此之外，固化树脂分子结构中含有大量的醚键结构，又可改善材料的韧性。

1.3.3 双马来酰亚胺树脂基体

双马来酰亚胺（简称双马或BMI）是以马来酰亚胺为活性端基的双官能团化合物，结构通式如图1-2所示。

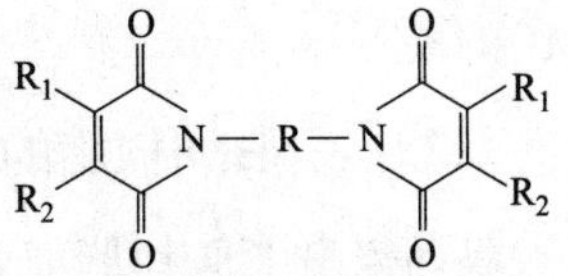

图1-2 双马来酰亚胺的结构通式

从双马来酰亚胺单体的化学结构可以看出，马来酰亚胺基团赋予其极高的反应活性，可以与其他双键类化合物、环氧树脂、硅树脂等发生均聚或共聚反应，因为其独特的化学结构，其制品具有耐辐射、耐湿热等性能；BMI单体分子中通常含有苯环结构，芳香族BMI自身具有很高的耐热性，发生聚合反应后固化交联得到的产物耐热性能优异，在高温下（180～230℃）依旧保持良好的使用性能；这种产品的出现克服了环氧树脂耐热性较差和耐高温聚酰亚胺树脂成型温度高、压力大的缺点，而得到迅速发展和广泛使用。

1.3.3.1 合成

BMI单体合成的专利早在20世纪50年代由美国的Searle申请成功。60年代末，法国的罗纳-普朗克公司首先制备出M-33BMI树脂及其复合材料，开创了BMI单体制备BMI树脂的先河。此后具有不同结构特点和性能的BMI单体被研究者合成。尽管如此，BMI单体的合成路径仍可总结归纳如图1-3所示。

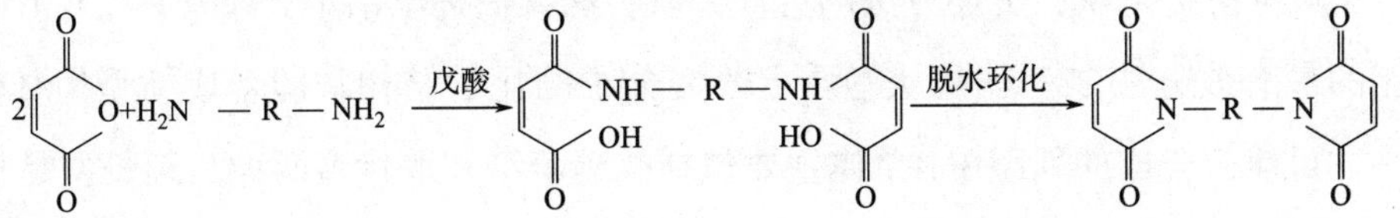

图1-3 BMI的合成路径

以上合成路径可概括为：首先，二元胺与马来酸酐（摩尔比为1：2）反应生成双马来酰亚胺酸（BMIA），然后将合成所得的BMIA通过不同方法脱水环化，再经分离、纯化即得最终产物BMI单体。原则上来讲，各种结构的二元胺都可以参与反应，只是二元胺活性因其结构（脂肪族、芳香族、预聚体结构）的不同而有所变化。因此，选用不同结构的二元胺与马来酸酐，选择不同的反应条件、原料摩尔配比及分离、纯化等后处理方法便可获得不同结构与性能的BMI单体。

1.3.3.2　BMI树脂的改性

双马来酰亚胺树脂兼备热固性聚酰亚胺树脂优异的热稳定性及环氧树脂良好的加工性。现如今，BMI树脂已经成为先进热固性材料领域的主要竞争者，加之未改性的BMI树脂存在熔点高、溶解性差、成型温度高、固化物脆性大的缺点，这更促使人们对BMI树脂体系进行不同方面的改性以期得到具有不同特性的材料而加以应用。常见的改性包含以下几个方面：

（1）提升BMI加工性能。尽管BMI树脂的成型温度比耐高温的聚酰亚胺树脂低，但仍要比环氧树脂体系的高。此外，如树脂传递模塑等新成型工艺的发展也对BMI树脂的成型工艺提出了新的要求。因此改进BMI的加工性能是一个重要的方面。

（2）提高韧性。BMI的韧性差是阻碍其发展和应用的关键因素，而随着科学技术的不断发展，对材料的性能要求也越来越高，这更要求材料具有高的韧性。其中，提高BMI韧性的方法颇多，常用的主要有烯丙基化合物共聚、热塑性树脂增韧、热固性树脂共聚以及添加碳纳米管及石墨烯等纳米粒子等新兴纳米材料几种。

从本质上来说，上述方法均为外部改善法，治标不治本。改善传统BMI性能的最有效方法之一就是从本质上改变分子的化学结构，即合成新型BMI单体。目前，合成的新型BMI单体主要包括链延长型和取代型两种。延长型是从分子设计原理出发，通过延长R链长度从而增加链的自旋性和柔顺性，或者增加分子量以降低固化物的交联密度从而达到改善韧性的目的。取代型是指采用其他基团（主要有脂肪基和芳香基）来取代双马来酰亚胺基团上的氢而形成

BMI，常是先合成相应的二酸，然后与二元胺反应以获得取代型BMI。其中，取代基的结构与性质对BMI产物的性能有很大影响，一些特殊基团的引入可使得BMI具备特殊的功能，如溴代BMI就具有良好的阻燃性。

1.3.4　氰酸酯树脂基体

氰酸酯树脂是指具有两个或者两个以上氰酸酯官能团（—OCN）的酚衍生物，它在热和催化剂作用下发生三环化反应，生成高交联密度网络结构的大分子。氰酸酯树脂分子自聚合反应过程中含有两个—OCN官能团单体，经三元缩合形成的含三嗪环的网状聚合物。早在19世纪，就有人尝试用次氯酸的酯与氰化物反应及通过酚盐化合物与卤化氰反应获得氰酸酯，但最终并未成功，只得到了异氰酸酯和其他化合物。直到20世纪中期，才首度成功合成真正的氰酸酯。到20世纪80年代氰酸酯已成为一类先进的综合性能优良的热固性树脂，具有优良的力学性能、介电性能、耐热性能以及耐湿热性能，其韧性介于双马来酰亚胺或多官能环氧树脂和二官能环氧树脂之间，加工性能接近或与环氧树脂相当，成为当代先进树脂基复合材料结构制备的理想基体材料。目前，氰酸酯树脂主要应用在高速数字和高频印刷电路板、高性能透波材料和航空航天用高性能结构复合材料等方面。

1.3.4.1　氰酸酯树脂单体合成

氰酸酯单体的合成可以通过多种路径得到，其结构式如图1-4所示。

有很多文献也对其进行了深入探讨，但真正意义上制备出耐高温热固性氰酸酯树脂并实现其商业化的方法是在碱性条件下，通过卤化氰与酚类化合物反应制得氰酸酯单体，反应式如下：

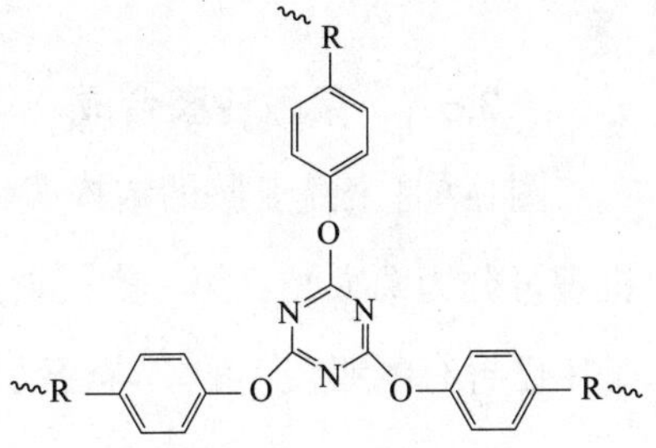

图1-4　氰酸酯单体结构式

$$ArOH + HalCN \longrightarrow ArOCN$$

式中：Hal可以是Cl、Br、I等卤族元素，不过通常采用的是常温下为固体、稳定性好、反应活性适中及毒性相对较小的溴化氰；ArOH可以是单酚、多元酚，也可以是脂肪族羟基化合物。

1.3.4.2 氰酸酯树脂的改性

氰酸酯树脂虽然具有耐热性、耐湿热性能、介电性能、工艺性能好的综合性能，可应用于先进复合材料中。但是在单独使用纯氰酸酯树脂时，其预聚体固化后生成的三嗪环结构高度对称，交联密度大，进而导致树脂固化物的脆性大，达不到材料的设计要求，该缺点也成为氰酸酯树脂广泛应用的障碍。因此，有关氰酸酯树脂的增韧改性是一个热点研究方向。目前关于氰酸酯树脂增韧改性的方法有很多，主要有以下几种：热固性以及热塑性树脂改性、橡胶弹性体改性、纳米粒子增韧改性、晶须改性以及不饱和化合物改性等。

1.3.5 热固性聚酰亚胺树脂基体

聚酰亚胺是典型的分子主链含芳杂环（酰亚胺环），具有高强度，耐温等级较高的一类聚合物，于20世纪中叶开始出现在人们的视野中，通常可分为脂肪族聚酰亚胺和芳香族聚酰亚胺，其结构通式如图1-5所示。经过市场的选择与发展，商品化的主链含芳杂环的聚合物主要有聚苯硫醚、聚醚酮、聚酰亚胺等。

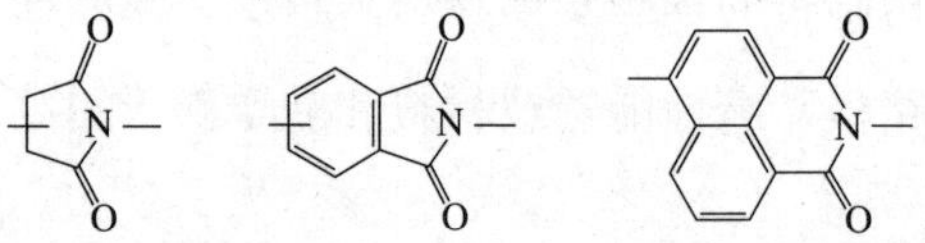

图1-5 脂肪族和芳香族聚酰亚胺的结构式

1.3.5.1 聚酰亚胺合成

图1-6是聚酰亚胺的结构式，其合成方法虽然有很多，但根据聚合的反应机理可分为两大类：第一类是通过二酐和二胺缩聚脱水生成聚酰亚胺；第二类是用已含有酰亚胺环的单体通过亲核取代合成聚酰亚胺。

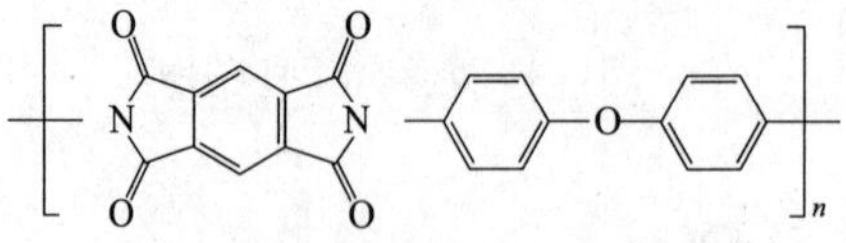

通过二酐和二胺缩聚脱水生成聚酰亚胺是较为经典的一种方法。该反应通过两步来实现，第一步为二酐和二胺在非质子溶剂中反应生成聚酰胺酸。该反

图1-6 聚酰亚胺结构式

应属于放热反应，其反应一般在低温条件下进行，因为低温能促进反应向正反应方向进行。此外，二酐易在水分存在的情况下水解成四酸，同时还可能造成生成的酰胺键水解，从而破坏聚酰胺酸的生成。因此，反应需要在严格无水的条件下进行。第二步是生成的聚酰胺酸再通过热亚胺化或者化学亚胺化的方法生成聚酰亚胺。热亚胺化是指通过加热使聚酰胺酸分子脱水成环，形成聚酰亚胺，脱水成环。化学亚胺化是指在聚酰胺酸中加入化学脱水剂和催化剂，脱水成环。

亲核取代反应也是常用来制备聚酰亚胺的一种方法。该方法是用含有酰亚胺环基团的单体，在非质子极性溶剂中将苯环上的卤代基团或者硝基基团活化而直接得到聚酰亚胺。反应原料来源较广且不存在亚胺化程度的问题。美国的GE公司生产的Ultem就是采用亲核取代的方法制备的，这种方法具有产业化前景。

1.3.5.2 热固性聚酰亚胺种类

1972年，Nasa路易斯研究中心在提出了单体原位聚合反应（in suit polymerization of monomeric reactants，PMR）技术，并用其制造了热固性的聚酰亚胺复合材料。PMR技术优势在于使用分子量和黏度相对较低的单体以及低沸点的溶剂即可完成反应；同时因为亚胺化反应在交联固化之前就已完成，在最后的固化阶段几乎不会有挥发成分的产生。

聚酰亚胺具有热固性和热塑性两种，相比于热塑性聚酰亚胺，热固性聚酰亚胺预聚物分子量低，有着更好的溶解性，黏度更低和更高的玻璃化转变温度，常用作基体树脂制备复合材料。热固性聚酰亚胺根据活性封端基可分为三种：PMR聚酰亚胺、乙炔封端聚酰亚胺以及前面已论述的双马来酰亚胺（BMI）。

合成PMR聚酰亚胺常用单体为芳香二胺、芳香二酐和Nadic酸酐。中间体酰胺酸和聚酰亚胺预聚体的相对分子质量受到三种单体摩尔比的影响。PMR聚酰亚胺预聚体的结构式如图1-7所示。

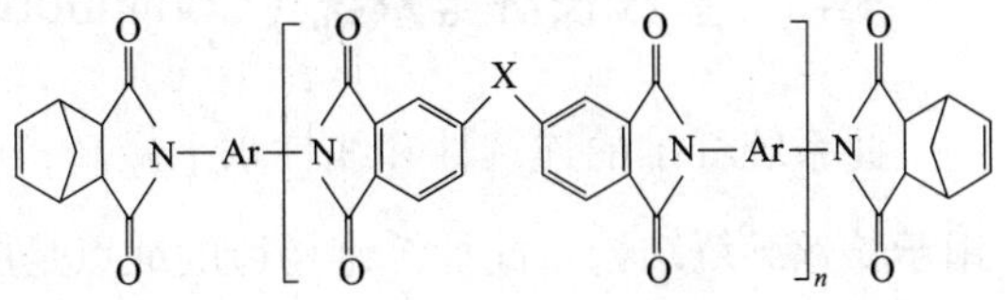

与PMR聚酰亚胺同时发展

图1-7 聚酰亚胺结构式

起来的高性能热固性树脂还有乙炔封端聚酰亚胺，它具有优异的热氧化稳定性和介电性能，可作为模压料与复合材料基体共同使用。乙炔封端聚酰亚胺主要包括Thermid系列聚酰亚胺和Thermco聚酰亚胺，前者可以利用芳香二酐、3-乙炔基苯胺和1，3-二苯反应得到；后者可以通过简单处理氨基芳基乙炔和乙炔芳基乙炔而获得。目前，玻璃纤维、碳纤维、短切纤维增强乙炔封端聚酰亚树脂复合材料已得到广泛的应用。

1.4　先进树脂复合材料增强体结构类型

增强体作为复合材料中主要的承力结构，其结构类型会对复合材料的性能产生影响。基于结构的整体性，纤维的直线性和连续性，将先进树脂复合材料的增强体结构分为三个水平，见表1-1。

表1-1　先进树脂复合材料的增强体结构

水平 （Level）	增强系统 （Reinforcement system）	增强体结构 （Textile construction）	纤维长度 （Fiber length）	纤维取向 （Fiber orientation）	纤维交织 （Fiber entanglement）
1	连续直线 （Linear）	连续长丝束 （Filament yarn）	连续 （Continuous）	直线 （Linear）	无 （None）
2	层合 （Laminar）	简单织物 （Simple fabric）	连续 （Continuous）	平面 （Planar）	平面内二维 （Planar）
3	整体 （Integrated）	高级织物 （Advanced fabric）	连续 （Continuous）	三维 （3D）	三维 （3D）

1.4.1　直线长纤维系统（Continuous filament system）

此系统纤维的连续性和线性水平最高，因此性能传递效果水平最高。它适用于长丝缠绕结构。此种纤维构造的缺点是层内和层间的强力低。

1.4.2 平面交织系统（2D）（Planar interlaced or interloop system）

平面交织（机织物）或成圈体系（针织物）虽然可以克服连续长丝体系的层内断裂问题，但层间的强度受到基体强度的制约，并且比结构应用所需的层间强力低大约一个数量级。

1.4.2.1 二维机织系统

由多层单层织物组合在一起形成的织物称为层合织物，如图1-8所示。其制作工艺简单，生产成本低廉，目前被广泛使用。此外，层合复合材料具备良好的可设计性特点。可以通过改变组分材料的种类、纤维体积含量以及铺层方向、顺序，使之满足结构设计中对材料强度、弹性和方向性的要求，这在通常的金属材料中是很难实现的。因此，层合复合材料不仅给设计人员提供了一种比强度、比模量高的材料，而且给设计人员提供了一种在一定范围内可自由改变其性能的材料，以达到结构与功能设计高度统一的方法。然而，层合复合材料存在一个巨大的问题，就是在受到外力作用时，容易发生分层现象，因此，在对材料的层间性能有较高的要求时，层合复合材料通常不被采用。

图1-8 层合织物结构示意图

1.4.2.2 二维针织系统

在20世纪90年代，针织物开始用于复合材料的增强体。针织结构复合材料可分为经编针织物增强和纬编针织物［图1-9（a）和图1-9（b）］增强两种。针织物最大的特点就是具有相互串套且可以无限弯曲的线圈结构，这使得用针织物增强的复合材料具有机织物复合材料所无法比拟的成型性、延伸性及能量吸收性，适合深度模压及形成各种形状复杂的结构部件。然而，针织物线圈的严重弯曲，虽提高了织物整体可变形性，但制成的复合材料的刚度和强度会受到影响。此外，由于加工时纱线会受到损伤，也会影响复合材料的力学性能。因此，针织结构复合材料应用发展缓慢。直到以经编多轴向，如图1-9（c）所示为代表的针织结构以其优异的力学性能和较低的生产成本在航天航空与风能发电等领域得到广泛应用，针织结构复合材料才开始受到广泛重视并且成为当今复合材料的研发重点之一。

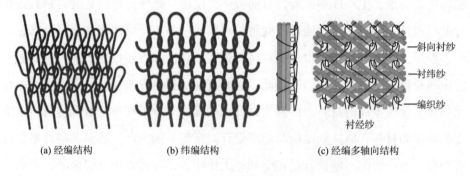

(a) 经编结构   (b) 纬编结构   (c) 经编多轴向结构

图1-9　针织结构示意图

1.4.2.3　二维编织系统

二维编织是指所加工的编织物的厚度不大于编织的纱（线或纤维束直径）3倍的编织方法。从广义上讲，基本的编织技术是这样一种工艺：按同一方向，即织物成型方向取向的三根或多根纤维（或纱线）按不同的规律同时运动，从而相互交叉相互交织在一起，并沿与织物成型的方向有一定角度的方向排列成型，最后形成织物。图1-10是二维编织织物最基本的形式。

编织的种类很多，按编织出的织物形状可以分为圆型编织和方型编织两种。圆型编织是指可以编织成横截面为圆型或圆环织物的编织。采用编织技术主要用来生产绳、带、管等织物，这些织物可以直接使用，也可以用做复合材料的增强体。它的编织机构造简单，工艺不复杂，生产效率较高。

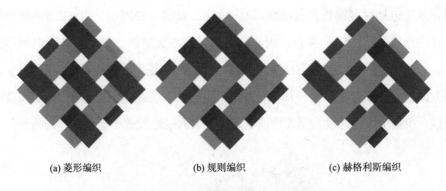

(a) 菱形编织   (b) 规则编织   (c) 赫格利斯编织

图1-10 二维编织织物结构示意图

1.4.3 完全整体系统（Fully integrated system，3D）

在此体系中，纤维在不同的方向取向。它采用连续长丝纱线，纱线束形成一个三维网状的整体结构。这种整体结构最吸引人的特点是：沿厚度方向加有增强纤维，因此复合材料实际上是不会产生分层现象的。例如三维机织物、针织物、编织物和三维缝合织物。这样的完全整体结构的另一个使人感兴趣的特点是：它们能够织造出复杂的结构形状。

1.4.3.1 三维机织

三维机织预制件主要由经、纬不同方向的纱线之间相互缠绕导致互锁，厚度方向（即Z向）的纱线以某一确定的角度与经、纬纱线交织起来，形成一个三维整体织物。这使得三维机织复合材料具备良好的整体性，可设计性和更好的抗剪切性能。此外，相较于传统的层合复合材料，三维机织复合材料由于增强体中经纱和纬纱相互接结，减轻了材料的分层现象，使其具有优异的层间性能，良好的抗冲击性和抗弯曲疲劳性能。

根据立体机织物中经纱与纬纱编织后的结合方式不同，三维机织物的结构形态主要分为2.5D角联锁结构（图1-11）和三向正交结构两种。由图1-11可以看到角联锁结构是由经纬纱之间构成一种互锁结构交织，即经向纱线跨越两层纬向纱形成锁状结构，该结构纱线仅有两个系统纱线，因此可在常规织机上形成。而正交结构的三维织物，需要使用三个系统的纱线，除去常规的经、纬纱线，其还包括对经纬纱进行接结的Z向纱线，如图1-12所示，也即Z向纱线分别与经、纬纱线形成90°夹角，因此命名为三向正交结构。由于接结纱的捆绑作用，三系统纱结合在一起形成多层整体结构。三向正交机织物具有如下特点：Z轴方向新增一相接结纱线，从而使Z向即厚度方向的强伸性能增强，即层间性能增强；织物中的经纬纱均呈无弯曲状态，更大限度地发挥了经、纬纱的特性。

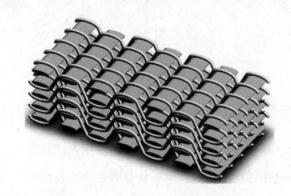

图1-11　2.5D角联锁织物结构示意图

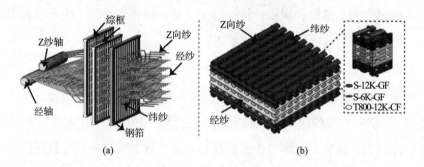

图1-12　三向正交碳/玻璃纤维预制件的织造及结构示意图
CF—碳纤维　GF—玻璃纤维

1.4.3.2　三维编织

三维编织增强复合材料是三维编织技术与现代复合材料技术相结合的产物，是先进复合材料的主要代表之一。三维编织是在传统二维编织技术上发展起来的一种高新纺织技术，是通过长短纤维相互交织而获得的三维无缝合的完整的空间网状结构，纱线在编织物结构中连续不间断且伸直度较高，不仅在平面内相互交织，而且在厚度方向上也相互交织（图1-13）。其工艺特点是制造

出规则形状及异形实心体并可以使结构件具有
多功能，实现异型件一次编织整体成型，实现
人们"直接对材料进行设计的构想"。采用编
织物结构作为复合材料的增强体，不仅提高了
复合材料的比强度和比刚度，还使其具有优良
的力学性能，如良好的抗冲击损伤性能、优异
的层间性能、耐疲劳性能和耐烧蚀性能等。

（1）三维编织物的分类。按编织类型的
不同，三维编织技术可以分为方形编织和圆形

图1-13 三维编织织物结构示意图

编织。方形三维编织是指编织纱线在机器底盘排列方式为矩形，编织出横截面
为矩形或矩形组合的织物；圆形三维编织是指编织纱线在机器底盘排列方式为
圆形，编织出横截面为圆形或圆形组合的织物。按编织纱线运动方式的不同，
三维编织技术可以分为角轮式三维编织和行列式三维编织。角轮式编织设备可
以高速编织成形，而行列式编织设备结构紧凑、成本低、通用性好等。按编织
物成形长度的不同，三维编织可分为连续编织和定长编织。连续编织是指编织
纱线为连续喂给；定长编织是指编织纱线为固定长度。

（2）三维编织物的编织工艺。最常用的编织工艺有四步法编织和二步法编
织。目前，人们在传统的四步法或二步法的基础上，对部分工艺稍作改动，可编
织出不同的异形结构复合材料预制件。随着三维编织技术的发展，四步法编织代
表该领域的主流，四步法编织指携纱器做四步运动为一个机械循环（图1-14）。
在第一步中，相邻行的携纱器交替沿向左或向右移动一个携纱器的位置。在第二
步中，相邻列的携纱器交替地沿向上或向下的方向移动一个携纱器的位置。第三
步与第一步的运动方向相反，第四步与第二步的运动方向相反，由此完成一个循
环。随着这样循环的不断进行，再辅以打紧动作，纤维束就相互交织形成最终的
一个不分层的具有一定厚度、一定长度、一定宽度的编织体。四步法三维编织工
艺是目前最常用的一种三维编织工艺方法。此外，四步法三维编织具有多种运动
式样，如1×1式样、1×3式样、3×1式样等；第1个数字表示的是沿行方向每次携

纱器移动的纱线位置数，第2个数字表示的是沿列方向每次携纱器移动的位置数。1×1式样是最简单、应用最广泛的四步法三维编织式样之一。此外，还可以根据材料的最终应用条件，在三维编织物制作过程中分别或组合加入X、Y、Z三个方向的纱线，以增强编织物在这三个方向的性能。

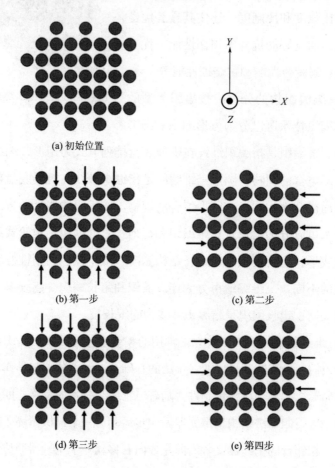

(a) 初始位置

(b) 第一步

(c) 第二步

(d) 第三步

(e) 第四步

图1-14　四步法三维编织示意图

（3）三维编织物的特点及应用。三维编织复合材料具有不分层结构，结构可设计性强，比强度、比模量高，抗冲击损伤容限高、抗疲劳性能好、对开孔不敏感等优点，尤其适合异形构件的整体成形，但其制作周期长，人力物力消耗大，生产成本高，且制件尺寸受到很大限制，因此，其目前的应用也主要集中在航空航天等领域。

1.4.3.3 三维缝合

三维缝合复合材料是在传统二维层合复合材料的基础上，使用高强度的缝线在厚度方向上进行缝合制成的具有整体结构的三维立体织物，图1-15为缝合织物典型结构。与传统层合复合材料相比，厚度方向上Z向纱线的引入增强了复合材料的层间性能，使复合材料具有更好的冲击损伤容限。与编织复合材料相比，编织一般适合做"工"字形等对称截面和矩形平板等相对规则的形状，而对于纵向和横向加筋织物，编织的适用性较差或者成本很高，针刺缝合预制件具有成本低、适用性强的特点。此外，缝合也可以将二维织物连接起来构造成复杂的三维构件，对制造大型制件以及形状复杂、曲率较大的异形件有很大优势。还可通过设计，将分散的平面材料组成各种无须螺接、铆接的整体结构材料进行缝合，大大减轻了结构件的质量。

图1-15 缝合织物结构示意图

随着缝合技术的发展以及被缝合件的多复杂性要求，目前有六种缝合方式被广泛使用（图1-16），分别为锁式缝合、改进锁式缝合、链式缝合、Tufting缝合、暗缝和双针缝合，前三种属于双边缝合，后三种都属于单边缝合。双边缝合就是从被缝合件的双面进行缝合，其原理与普通的家用缝纫机相似，引线针位于被缝合件的上侧，勾线针位于被缝合件的下侧，引线针穿过复合材料送线，勾线针钩住缝合线形成线圈互锁。而单边缝合的引线针和勾线针都位于被缝合件的上侧，由1根缝合线穿过复合材料再形成互锁线圈。传统的双边缝合技术由于需要在两侧安置装备，易受平台限制，比如缝合曲面复杂的结构件时，在底部放置勾线针机构比较麻烦。单边缝合与之相比，则具有更高的灵活性和适应性。每种缝合方式都有各自的优缺点和适用范围。

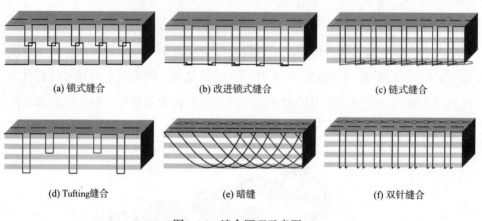

(a) 锁式缝合　　　　　　(b) 改进锁式缝合　　　　　　(c) 链式缝合

(d) Tufting缝合　　　　　　(e) 暗缝　　　　　　(f) 双针缝合

图1-16　缝合原理示意图

图1-16（a）是锁式缝合，其由面两侧的针杆机构形成两个线圈，互锁成结，缝合线不易被拆散。锁式缝合的不足之处在于形成的结套处位于预制体结的中间，由于结套处易产生应力集中点，位于中间对复合材料的性能影响很大，因此，锁式缝合需加以改进再被应用于复合材料。

改进的锁式缝合中，缝线被缝针从预制体一侧带入，与底线结套后再由缝针带出进行下一个循环，上线与底线的结套处位于预制体表面［图1-16（b）］。因此，在复合材料厚度方向的缝线没有结点且是一条直线，最大限度地减轻了应力集中现象，对纤维的损伤也较小，有利于复合材料层间性能的提升，使复合材料具有更高的损伤容限。此外，锁式缝合一般要求预制体具有较小的曲率变化，目前广泛应用于大尺寸壁板边缘缝合及加强筋与蒙皮的连接缝合，缝合厚度可达20mm。

如图1-16（c）所示是链式缝合，其缝线轨迹类似于针织，比较复杂。弯月形的缝针与摆线钩针位于同一边，随着缝针沿缝线方向移动，弯针反复穿透预制体并使缝合线在预制件反面多次绕曲。此时也可将引线针杆和勾线针杆放置在同一侧，即单边缝合。单边链式缝合采用弯针缝合，弯针在被缝合件内反复穿透使缝合线绕套成结，单边链式缝合适用于比较薄且曲率复杂的预制体，链式缝合通常适用于曲率较大且较薄的预制体缝合，缝合厚度一般不超过10mm。

Tufting缝合的缝线跟随缝针从预制体一侧穿透到另一侧，缝针退出时将缝线留在预制体内以完成缝合，具体如图1-16（d）所示。与传统的双边缝合相比，Tufting缝合只需要引线针在单边进行缝合，缝合的灵活性和适应性较大，可缝合平板、曲面、回转体等，受预制体的芯模形状影响较小。此外Tufting缝合可以缝合较厚的预制体，通常厚度可达30 mm，但由于单纯的Tufting缝合仅靠缝线与预制体内部纤维的摩擦力来留住缝线，因此一般需要辅以其他的定位方式来保证缝线留在预制体内部，提高缝合质量。

暗缝［图1-16（e）］是利用弯针不断地在预制件内穿透，带动缝合线运动，缝合线被埋在预制件内部，因此适用于比较厚的预制件。另外，暗缝对于弯针和锁线装置的配合较为严格，取代传统的双边缝合，将旋梭和弯针放在预制件的同一侧，灵活性较高。

双针缝合［图1-16（f）］是一根缝合线在引线针的带领运动下，通过勾线针的配合形成线圈互锁形成的，所形成的结套在预制件表面，减少了应力集中现象。此外，缝合装置的机构设计较为简单，且引线针和勾线针的装置较为相似，因此应用较多。而且于双针缝合可根据预制件厚度的不同调节引线针的有效长度，缝合厚度的范围比较大。

1.5　复合材料的成型方法

复合材料制备工艺的关键在于满足产品形状、尺寸大小以及表面质量的前提下，使增强材料能够按照设定的方向均匀铺设，并尽量减少其性能下降，使基体材料充分完成固化反应，通过界面与增强材料良好结合，排出挥发的气体，减少产品的空隙率。与此同时，还需要考虑操作便捷性和对操作人员健康的影响。所选择的设备和成型工艺方法应与制品的批量相适应，最低化单件制品的平均成本。经过半个多世纪的发展，复合材料成型方法已经有几十种，目前最常用的主要有手糊成型工艺、真空袋压成型、喷射成型技术、模压成型工艺、缠绕成型工艺、挤压成型工艺和树脂传递模塑成型等。每种成型方法都有它们的优缺点和适用范围，同时，它们之间也存在着相同之处，从原材料到最终产品的工艺过程，见图1–17。

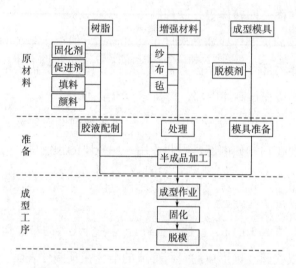

图1–17　复合材料成型加工的典型工艺流程

1.5.1　手糊成型工艺

手糊成型工艺是接触低压成型工艺的一种，又称接触成型工艺，是手工作业把增强体和树脂基体交替铺在模具上，黏结在一起后固化成型的工艺，如图1–18所示。其工作主要由手工操作来完成，一些设备和工具只是用来完成辅助性工作。继1932年在美国出现树脂基复合材料之后，1940年人们以手糊成型的方法制成玻璃纤维增强聚酯的军用飞机雷达罩。手糊成型工艺的优点在于不仅设备简单、操作简便且容易掌握，且可在产品不同部位任意增补增强材料，可满足复杂外形产品设计的需要。但缺点在于生产效率低，生产周期长，不宜大批量生产；产品质量不易控制，对工作人员的操作水平要求高，成型材料性能稳定性不高，力学性能较低；另外，手糊工艺的生产环境差、气味大、加工时粉尘多，易对施工人员造成伤害。尽管如此，手糊成型仍然是目前不可取代的复合材料成型工艺方法，尤其是针对其他工艺无法完成的小批量、大尺寸、结构复杂的制品和工程。我国玻璃钢工业生产中手糊工艺占有很大的比例，中小型玻璃钢生产企业都以手糊为主。

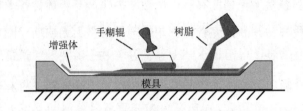

图1-18　真空袋压凹模成型示意图

1.5.2　真空袋压成型

真空袋压成型是一种低压成型工艺，压力范围在0.5MPa左右，是采用手工铺层的方式将增强体材料和树脂基体（或者预浸料）按照设定的方向和顺序逐层铺叠好，达到设定的厚度之后将其置于模具中，密封然后经过抽真空后加压、加热固化，最后脱模修整而获得最终产品的过程。真空袋压成型与手糊成型工艺的区别在于加压固化工序，因此，真空袋压成型只是手糊成型工艺的改进，目的是为了提高产品的密实度和层间黏结强度。其产品较手糊成型工艺而言具有表面光滑、质量较高的特点，多用于凹模成型制品，如图1-19所示。

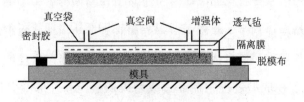

图1-19　真空袋压凹模成型示意图

1.5.3 喷射成型

喷射成型是利用高压喷枪将纤维和树脂喷射到模具上而制得复合材料的工艺方法。喷枪是喷射成型法的主要设备，其特殊性在于喷口处带有切割器，切割器与树脂基体喷射协同作用，将连续纤维按照要求的长度剪切成短切纤维，与树脂一同喷射到模具上面。喷射成型是手糊成型的发展，因此也有半机械化手糊法之称。喷射成型与手糊成型工艺不同的是配胶和铺放等操作都是由设备来完成，因此具备机械化程度高、生产效率高、产品整体性好等优点。但同时也存在树脂含量高，制品强度较低，制作现场粉尘大的缺陷。图1-20为它的工作原理示意图。

一般而言，喷射成型技术可与其他成型技术组合使用，有利于发挥各自的优势。例如与手糊工艺组合使用时，喷射法可用于整体结构的成型，手糊方法用于除泡操作则可以省去后续涂胶操作；当采用缠绕成型技术生产管道和储藏罐时，内存采用喷射成型法可以有效提高生产效率和产品的质量稳定性。

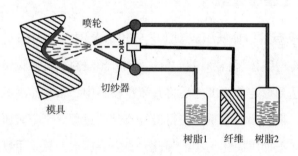

图1-20 喷射成型原理示意图

1.5.4 拉挤成型

复合材料拉挤成型工艺是指将已浸润树脂基体的连续纤维束或纤维带在牵引结构的拉力作用下，通过成型模具之后固化，连续生产出长度不受限制的复合型材料。由于在成型过程中需经过成型模的挤压和外部牵引拉拔，而且生产过程和制品的长度是连续的，故又称为拉挤连续成型工艺，其工艺原理如图

1-21所示。拉挤成型工艺被认为是复合材料成型技术中机械化程度最高的方法之一，因此该工艺最大的特点在于生产效率很高，操作简单，产品质量稳定和制造成本较低；纤维可以按照轴向排列，使制品具有高的拉伸强度和弯曲强度。缺点则是所制备产品性能具有明显的方向性，其横向强度较差，且设备复杂，对各工序必须严格准确掌控，不能轻易中断生产。该工艺研究始于20世纪50年代，到60年代中期已投入连续化生产中，70年代又有了重大的突破。

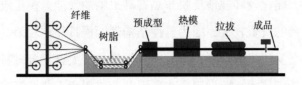

图1-21　拉挤成型原理示意图

1.5.5　模压成型工艺

模压成型法是将一定量的预混料、预浸料或模压原料（粉状、颗粒状或者纤维状）加入金属对模之中，在一定温度和压力作用下使之固化成型的一种方法，其工艺原理如图1-22所示。模压成型过程中需要加热和加压，使模压原料熔化或塑化而流动充满整个模具，并促使树脂基体发生固化反应。模压成型属于高压成型的一种，不仅需要对压力进行控制的液压机，还需要强度高、耐高温性能好的金属模具。因为在采用粉状、颗粒状或者纤维状模压原料进行模压成型时，不仅树脂需要流动，增强材料也需要随之流动，所以模压成型工艺的压力较其他工艺方法的要高。影响制品最终质量的因素有：模压原料、模压模具、加压加温用的热压机等，其中最重要的是压制工艺之一。

模压成型工艺开始于20世纪初，是一种古老的工艺技术。随着科技的发展，模压成型技术发展很快，在世界各地都得到了广泛

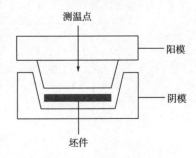

图1-22　模压成型原理示意图

的应用。近十多年以来，以长、短纤维为增强材料，热塑和热固性树脂为基体材料的各类复合材料模压成型工艺发展迅速，产品性价比高，对环境污染小，生产效率高，正在不断适应和满足航空航天、汽车以及通信等工业化的需求。模压成型工艺的主要优势在于实现了专业化和自动化生产，不仅具备高的生产效率，有效降低制造成本，而且产品尺寸精度高，可设计性强，能一次成型结构复杂的复合材料制品。另外，模压法所制的复合材料可以有效地避免基体材料的分子取向，能比较客观地反映非晶态高聚物的性能。模压成型工艺的不足之处在于对模具的投资较大，因为异性结构件的模具往往较为复杂，且精度要求较高；再加上受压机的限制，不太适合批量生产大型复合材料制品。不过得益于现代金属加工技术、压机制造水平以及合成树脂工艺性能的不断改进和发展，模压成型工艺制备复合材料的生产率得到了显著提高，质量向更精细化发展，尺寸也逐步向大型化发展。目前部分大型汽车部件、浴盆、整体卫生间组件等已经可以采用该方法制备。

1.5.6 缠绕成型工艺

缠绕成型工艺是纤维增强先进树脂基复合材料的主要制造技术之一，是将连续纤维、布带或纱线等材料浸过树脂胶液后按照一定规律缠绕到芯模上，其工艺原理如图1-23所示。缠绕完成后在一定温度下固化后脱模，最终获得所需形状的复合材料制品。缠绕成型技术一共有三种成型方式，分别为干法成型、湿法成型和半干法成型。其中干法成型是将连续纤维、布带或纱线先做成预浸料存放，需要时再将预浸料缠绕在芯模上固化制得；湿法成型是将浸有树脂基体的连续纤维、布带或纱线直接缠

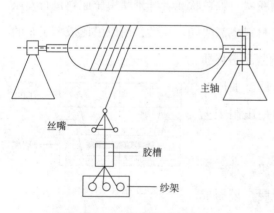

图1-23　缠绕成型原理示意图

主轴

丝嘴

胶槽

纱架

绕在芯模上固化得到的产品；半干法成型将浸胶后的连续纤维、布带或纱线经过加热使胶液发生初步的交联反应，然后再不间断地缠绕在芯模上而制得产品。三种方式各有特点，但目前湿法成型的应用较为广泛。

纤维缠绕成型的优点在于能够按照产品的受力情况来设计纤维的缠绕规律，可最大限度地发挥纤维强度，从而获得高性能产品；加之纤维缠绕产品易于实现机械化和自动化生产，确定好工艺条件之后，制备出来的产品质量稳定、精确、可靠性高，而且不需要很多操作人员，缠绕速度快，劳动生产率高；不仅如此，材料纤维是张紧且连续的，纤维的强度利用率高于织物纤维和短切纤维的，相对于手糊、模压和喷射等成型技术最高能达到60%的纤维体积含量而言，其纤维体积含量最高可达80%，而纤维增强复合材料的强度主要由纤维承担，纤维含量高，制品的结构强度就越高。但纤维缠绕成型也存在适应性较差的缺点，因为该方法不能缠绕任意结构形式的产品，特别是表面有凹陷的制品，因为缠绕时，纤维不能紧贴芯模表面而架空。

缠绕成型技术是受到采用捆绑方式加强部分结构的环向抗张能力而发展起来的。在纤维增强复合材料技术出现之后的20世纪50年代左右，作为一种机械化生产程度高的复合材料制造技术，一出现就得到了广泛的使用和迅速的发展。经过几十年的发展，得益于原材料生产已经成为一个成熟的工业体系；缠绕设备也能大能小，小到生产直径为几毫米的杆件设备，大到生产直径为几十米的化工储藏罐设备。该技术已日趋完善，产品在航空航天、国防以及民用领域都得到了充分的利用。

1.5.7 树脂传递模塑成型工艺

树脂传递模塑（Resin transfer molding，RTM）技术是模压成型技术的一种，也是采用对模方法制备先进树脂基复合材料产品的工艺，是为了适应飞机雷达罩成型而发展起来的。其主要工艺过程如下：首先将热固性液态树脂在一定温度和一定压力下注入含有纤维预制件（Perform）的模具中，树脂充分浸润模具内部预制件并将模腔中的空气排出，待多余树脂从排气孔中流出时即表示树脂充满整个模具，注胶过程结束；随后在树脂所需固化工艺条件下使其固化成型，最后开模取出制品。整个工艺流程如图1-24所示。

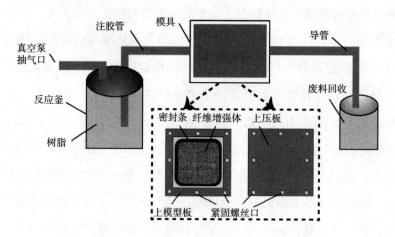

图1-24 RTM成型工艺流程示意图

RTM的特点明显，主要体现在以下几方面：

（1）无须涂敷胶衣涂层即可得到表面光滑、高精度的复杂结构件。

（2）成型效率高，适合于中等规模复合材料制品的生产。研究表明，产量在1000～20000件时采用RTM技术能获得最佳的生产经济效益。

（3）便于使用计算机辅助设计进行模具和产品设计，成本低且纤维体积含量可高达60%。

（4）由于采用的是闭模操作，制备过程产生的挥发性物质很少，工作环境清洁且有利于操作人员身体健康以及大气环境保护。

但是RTM技术也还存在一些问题，最常见的就是模具内纤维预制件无法被树脂基体完全浸渍，产品存在孔隙多，甚至会出现干纤维的现象；另外，对于大面积、结构复杂的制品而言，无法保证注塑过程中树脂的均衡流动，不能对产品进行很好的预测和控制。

针对RTM存在的以上问题和局限性，目前国内外已经开展了大量的研究，并颇有成效，使得RTM技术渐趋成熟。其中，真空辅助树脂传递模塑（Vacuum assistant resin transfer molding，VARTM）成型工艺就是RTM技术的改进。顾名思义，该工艺是在抽真空条件下进行的，即在注入树脂的过程中同时从闭合模具出口处对模具进行抽真空。该方法不仅可以提高充模时的压力，而且可以有效排除模具和预成型体中存在的空气，提高了预成型体中树脂的宏观流动和在纤维束间的微观流动，有利于纤维的完全浸润，从而减少制品的缺陷。

虽然VARTM是一种可以成型较大件复合材料的工艺方法，但此方法仅适用于单树脂（Single-resin）体系。随着行业对复合材料结构于性能的要求不断提高，多层结构复合材料的需求在不断增加，这种多层结构是指每层都由不同的材料体系构成，如整体装甲结构要求具备防弹、阻燃、吸波等多种功能。针对此类材料而言，VARTM无法实现一次性整体成型，因此，又派生出共注射RTM技术，其工艺原理如图1-25所示。利用共注射成型的方法，可以满足多功能材料的一次性成型，这样不仅节约了经济成本，也避免了二次固化等对材料性能产生的影响。目前RTM及其改进成型技术所制备的产品已经广泛应用于交通、建筑、通信、汽车、船舶以及航空航天等领域。

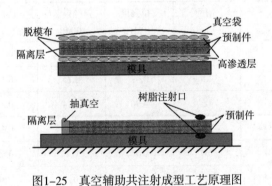

图1-25 真空辅助共注射成型工艺原理图

1.6 先进树脂基复合材料的特征

复合材料与金属材料、无机材料非金属材料以及高分子材料组成四大材料体系，复合材料的出现与兴起极大地丰富了现代材料家族，为人类社会发展做出了十足的贡献。也因其优异的综合性能，产品已涉及生活的方方面面。本节将与金属材料对比，从结构应用角度分析复合材料的特性。

1.6.1 比强度、比模量高，减震好

先进树脂基复合材料最大特点在于比强度和比模量高，这也是它们在航空航天等工业领域受到青睐的原因。表1-2为部分复合材料与金属材料的性能对比，可见部分纤维增强先进树脂基复合材料的比强度与比模量高出了金属材料的3~5倍之多。得益于复合材料高的比模量，这类复合材料具备较高的自振频率，同时，复合材料的界面具备吸震能力，材料的振动阻尼系数高。因此，复合材料具备良好的减震性能。在具有相同尺寸、结构以及实验条件完全一致的情况下，轻合金材料的构件需要9s才能停止振动，而碳纤维复合材料只需要2.5s就能停止振动。

表1-2 部分复合材料与金属材料的性能对比

材料	密度/ （g·cm^{-3}）	抗拉强度/ 10^3MPa	弹性模量/ 10^5MPa	比强度/ 10^7cm	比模量/ 10^9cm
铜	7.8	1.03	2.1	0.13	0.27
铝合金	2.8	0.47	0.75	0.17	0.26
钛合金	4.5	0.96	1.14	0.21	0.25
碳纤维/环氧复合材料	1.6	1.07	2.4	0.67	1.5
玻璃纤维复合材料	2.0	1.06	0.4	0.53	0.2
有机纤维/环氧复合材料	1.4	1.4	0.8	1.0	0.57
硼纤维/环氧复合材料	2.1	1.38	2.1	0.66	1.0

1.6.2 性能具备明显的方向性

金属材料一般认为是具备屈服或条件屈服现象的各向同性材料，而先进树脂基复合材料的性能则具备明显的方向性，该方向性主要表现在力学性能上，同时在湿/热膨胀系数等物理性能上有所体现。研究证明，复合材料沿纤维方向

（轴向）的力学性能要明显高于垂直于纤维方向（横向）的性能，高1～2个数量级，且其应力—应变呈线弹性关系。偏离纤维方向的力学性能会出现特殊的拉—剪耦合现象，且会在纵向性能和横向性能之间呈现规律变化。

1.6.3 对湿热环境敏感

在纤维增强树脂基复合材料中，在湿热条件下，增强纤维基本不会吸收水分（芳纶除外），但树脂基体会吸收少量水分。吸收水分之后会引起复合材料发生膨胀而导致尺寸发生改变、基体树脂/纤维之间的界面性能下降以及材料的玻璃化转温度降低。目前，耐湿热性能良好已成为各类先进树脂基树脂改性的热点追求方向，湿/热环境下复合材料的压缩性能也成为筛选树脂基体的主要指标之一。

1.6.4 主要缺陷/损伤形成不同

金属结构件的主要形式为裂纹的形成，目前学者已根据金属材料裂纹的滋生、扩展到材料断裂过程研究建立了材料的耐久性与损伤容限要求和设计的分析技术。相比于金属材料，复合材料结构在制造和使用过程中，会出现各种缺陷/损伤形式，如孔隙率过高、分层、表面损伤、外来冲击等。分层和冲击损伤是复合材料结构的主要缺陷/损伤形式。其中分层是层与层之间的脱离，表面检测无法鉴定出来。分层会导致复合材料力学性能大幅下降，对于层合复合材料而言，分层破坏是其主要破坏机制，该机制在笔者的研究中已得到证实。目前改善复合材料分层的方法是制备整体性能好的三维整体织物，如三向正交、2.5D角联锁、三维编织等，这在前面复合材料增强体结构部分已详细论述。外来物冲击损伤按可目视程度分为三种，第一种是目视勉强可检损伤，这是指冲击能量较低，对复合材料损伤较小的情况；第二种是目视可检损伤，这是指冲击能量比第一种大，对复合材料损伤较大但未完全穿透的情况；第三种是穿透性损伤，这种情况是冲击能量高，材料被完全穿透破坏。复合材料的冲击损伤是不可逆破坏，一旦发生，其承载能力就会随之急速下降。目前，冲击后的压缩强度成为筛选树脂基体的另一个重要指标。导致复合材料损伤扩展的原因有很多，可能是基体树脂的开裂、基体/增强体界面脱胶、分层破坏、内部纤维断裂等多种破坏形式累积、无规律扩展的综合作用结果，因此没有规律性可言。这也是复合材料耐久性和损伤容限很难分析预测的原因所在。

1.6.5 抗疲劳性好

金属材料的疲劳破坏往往是没有征兆的突发性破坏，而先进树脂基复合材料在疲劳破坏前有明显的预兆，这是因为先进树脂基复合材料中的界面能够阻止材料裂纹的扩展，且它的破坏总是从纤维的薄弱环节开始。相比金属材料，复合材料具备优异的抗疲劳性能，尤其是具备整体结构的纤维增强复合材料，它们的S—N曲线相对比较平坦，极限疲劳条件与静态强度之比可达到0.6，甚至更高，而金属材料仅为0.4左右。

1.6.6 性能数据分散系数较大

一般而言，金属材料的性能数据分散系数要比复合材料的小，即复合材料性能离散型较大，这是复合材料结构复杂，工艺成型要求技术水平比较高的原因所致。

1.7 复合材料的应用

1.7.1 在建筑领域中的应用

建筑业在国民经济中占有很重要的地位，是国民经济的支柱产业之一。建筑业的发展方向是节约能源、保护环境和提高技术经济效益。在建筑业发展和使用先进树脂基复合材料，对于减轻建筑物自重、改革建筑设计、加快施工进度、降低工程造价、提高建筑物的使用功能和经济效益等都十分有利，是实现建筑业现代化的必要条件。建筑工业不断地发展，建筑施工对建筑材料的要求也不断提升，建筑工业在不断寻求能够满足当代建筑工业现状的建筑材料。

因为先进树脂基复合材料的力学性能好，在桥梁建筑的建造过程中可以根据受力情况局部加强，既可以提高其承载能力，也可以节约材料，减轻自重，因此先进树脂基复合材料正好满足了建筑工业对新型建筑材料的要求。先进树脂基复合材料因为自身的优势，在建筑工业中应用十分广泛，为建筑工业提供了极大的便利，也促进了建筑工业的进一步发展。在建筑工业施工中采用树脂基复合材料能够减轻建筑材料本身的重量，而且树脂基复合材料自身性能较高，其力学性能、物理性能、化学性能等都比较突出，应用于建筑工业能够提升建筑的使用功能和使用寿命，是一种新型的建筑工业材料。树脂基复合材料的成本较低，还有利于降低建筑工业施工的成本，实现用较低的成本使用优质的建筑材料，提升建筑工业技术的目的。另外，树脂基复合材料的表面比较光滑，故在装饰方面有很大的应用空间，比如制造不同花纹的图案，各种装饰板等。树脂基复合材料还具有透光性良好、隔热性好、隔声性能好、电性能好并且耐化学腐蚀，对于提高建筑物的使用功能，降低工程造价，提高经济效益十分有利。目前，树脂基复合材料已经广泛应用于建筑工程行业，同时也为建筑工业带来了很大的便利，在建筑工业中，工业厂房、建筑围栏、门窗装饰材料、高层建筑楼房等也都大多采用树脂基复合材料构造。

1.7.2　在化学工业中的应用

树脂基复合材料的化学性能较高，和一般的复合材料相比，先进树脂基复合材料的化学性能更加适合在化学工业中的建设。先进树脂基复合材料由于自身化学性能的原因，它的耐腐蚀性较高，并且在众多的复合型建筑材料中属于佼佼者，在化学工业的建设中，很多建筑和建筑工具的建设都需要具有较强的耐腐蚀性的特征，所以，先进树脂基复合材料的优势在这一方面就显得尤其明显，很多化学工业建设都会优先选择先进树脂基复合材料作为建筑材料。在化学工业中，石油、化肥、制盐、制药等都会采用先进树脂基复合材料作为原材料。先进树脂基复合材料的比强度高，材料本身的质量较小，方便运输，防腐性较强还具有良好的保温效果，所以，先进树脂基复合材料现在已经被广泛地应用到化学工业的各个方面。

1.7.3　在机械工业中的应用

先进树脂基复合材料本身的物理性能、化学性能和力学性能都比一般复合材料的要好，其比强度高，抗疲劳性较好，在机械工业中，一些较为主要的机械部件都会采用先进树脂基复合材料，如机械工业中的运输机械、制冷机械、起重机等。另外，先进树脂基复合材料的抗震性能和抗断裂性较好，在机械工业中，一些机械原材料的选择首先就要考虑到这些性能，机械工业中的产品受到的压力和重力较多，机械如果抗震性能和抗断裂性能不高，机械的使用寿命便不会很长，机械的使用度便不好，先进树脂基复合材料因自身优势，可以满足机械工业中对原材料的要求，所以，在机械工业中，先进树脂基复合材料的采用度很高。例如，先进树脂基复合材料应用在汽车上可以减轻汽车车身的重量，降低油量耗损，提高运载能力，同时提高车内部饰品的舒适度、隔声隔热、降噪减震等功能。传统的车身所使用的薄钢板虽然具有高强度的优点，但是质量也高。使用先进树脂基复合材料代替传统车身所用的高强度薄钢板已经成为必然的发展趋势。无论是玻璃纤维增强复合材料还是碳纤维增强复合材料，都可以有效地减轻车身自重，降低油耗，使汽车内部的装饰有隔声隔热、降噪减震等优点。更有利于汽车行业向着轻量化、智能化、节能、安全、环保等方向发展。

1.7.4　在医疗、体育、娱乐方面的应用

先进树脂基复合材料不仅应用于工业中，在医疗、体育和娱乐方面也被广泛使用。在医疗方面，先进树脂基复合材料的优势尤其明显，它可以作为制作人工器官的原材料，并且先进树脂基复合材料的性能较高，会减少人工器官对人体造成的伤害和人工器官和人体的不匹配程度，先进树脂基复合材料制作而成的人工器官也会比其他复合材料制成的器官的寿命长，是医疗方面的一大进

步。在体育方面，先进树脂基复合材料可以应用于制作体育器材，比如羽毛球拍、钓鱼竿、自行车、滑雪板、冲浪板、网球拍、高尔夫球杆等多种设备中。运动器械要具备稳定良好的质量与性能，才可以充分地削减运动员受伤的概率，而体育器材最主要的要求就是抗击打性，先进树脂基复合材料的抗震性能很强，由先进树脂基复合材料制作而成的体育器材会相比一般复合材料制作而成的使用感要好，而且先进树脂基复合材料的质量较轻，易设计，耐腐蚀性较高，一般的体育器材使用先进树脂基复合材料的情况会较多。在娱乐方面，很多大型的娱乐场所都会采用复合材料来进行娱乐设施的建设，而先进树脂基复合材料的性能更好，采用先进树脂基复合材料会增加娱乐设施的安全程度，现在，国内的众多大型娱乐场所为保证游人的安全性，都已采用玻璃钢作为娱乐设施的原材料。

1.7.5 在军事领域的应用

信息化战争的转变，让武器材料制造技术面临着新的挑战，武器装备，是信息化战争的主导因素，有着核心作用，其制造技术及材料的质量越高越有利，这也是传统材料必须向高新复合材料转型的必要所在。武器系统的性能指标要求也不断大幅提升，在减小体积重量、增加射程、提高隐身性能和降低生产维护成本等方面都提出了苛刻的要求，致使单一的传统材料（金属、无机非金属及高分子材料等）无法满足其使用需求。先进树脂基复合材料具备高强度和耐腐蚀性等优良特性，这都可以很好地为武器装备材料所利用，在先进树脂基复合材料现阶段的应用中，对提升武器装备的防护性有着重要意义，比如地面常规武器装备，先进树脂基复合材料的应用是十分广泛的。另外，先进树脂基复合材料的成本相对其他同等力学性能的材料，成本相对较低，性价比更高，而且可以一体化制作，推进了武器装备一体化结构的发展，是武器装备材料制造中的重要存在。

科学的不断发展，高新技术材料的发展在武器装备上的应用也有了很大的进步，其中不足的是，武器装备材料后期维修性能低下，给武器装备材料的整体发展带来了影响。武器装备对复合材料有着很高的要求，同时也要求成本低，降低武器装备的预算，先进树脂基复合材料的加工制作成本较低，低成本制作技术也是武器装备材料制作的重点技术之一，比如树脂模具成型技术。先进树脂基复合材料可以更好地满足武器装备的机动性和防护性，机动性在复合材料的轻质化中得以体现，而且其具拥有可以制造一体化结构的便捷之处，让武器装备的使用寿命更长久。像坦克装甲车的舱门、炮塔和部分车体运用先进树脂基复合材料，不但可以实现一次成型，而且其重量更轻，耐用性强。此外，先进树脂基复合材料更便于维护，安全性也相对较高，比如在武器装备中应用的先进树脂基复合材料具有电磁屏蔽性，其具有吸波功能，可以躲过雷达的探测，达到"隐身"的效果。

1.7.6 在航空航天中的应用

随着航空航天工业的发展，先进飞机、运载火箭和导弹、卫星等的高性能、高可靠性和低成本，很大程度上是由于新材料和新工艺的广泛应用。先进复合材料是航空航天高技术产品的重要组成部分，它能有效降低飞机、运载火箭、导弹和卫星的结构重量，增加有效载荷和射程，降低成本。

先进树脂基复合材料在航空航天中的应用主要表现在高比强度和比模量、抗疲劳、耐腐蚀、可设计性强以及灵活的成型工艺等，其正逐步取代金属材料，成为航天器实现结构承载和功能发挥的首选材料。从受力较小的部件如舱门到一级次承力部件，如平尾尾翼再到主要的承力部件，先进树脂基复合材料在航空航天上，从军机到民用机，由次到主、由局部到主体发展，可见先进树脂基复合材料发展速度的迅猛。国内先进树脂基复合材料在直升机、歼击机和大型飞机上大量应用。歼击机复合材料的用量已经达到6%～9%，主要包括机翼、平尾、垂尾、前机身、鸭翼、襟副翼、腹鳍等；直升机复合材料用量达到25%～33%，主要包括旋翼系统和机身结构。机翼、平尾、垂尾、鸭翼、直升机机身、尾段等先进树脂基复合材料构件已经实现批量生产。同时，随着增强体和基体材料的快速发展，工艺技术和生产设备的革新换代，理论和模型的健全完善，未来以先进树脂基复合材料为代表的先进复合材料任重而道远，将成为推动人类航天事业发展的中坚力量。

1.8 先进树脂基复合材料的研究进展

1.8.1 先进树脂基复合材料的研究现状

1.8.1.1 国外

据有关部门统计，全世界先进树脂基复合材料制品共有40000多种，全球仅纤维增强复合材料产量目前达到750多万吨，从业约45万人，年产值415亿欧元。其生产能力与市场分布情况为：北美32%，亚太地区35%，欧洲30%，其他地区3%。

1.8.1.2 国内

我国于1958年开始研究先进树脂基复合材料，经过多年的发展，在生产技术、产品种类、生产规模等方面实现了非常大的跨越，目前产量已经仅次于美国，居世界第二位。其市场分布为建筑40%、管罐24%、工业器材12%、交通6%、船艇4%及其他14%。与世界市场分布比较可以看出，中国的复合材料在汽车、航空、体育器材等领域所占比重较低，表明中国复合材料市场在上述领域具有巨大的发展潜力。

1.8.2 先进树脂基复合材料的展望

1.8.2.1 高性能化发展

先进树脂基结构复合材料通过提高强度、韧性、抗损伤容限和耐温性能等方面的性能参数，以实现结构承载能力、耐环境性能和抗冲击性能的提高，持续向高性能化发展。目前先进树脂基复合材料主要用于研发超声速飞行设备，而美国的NASA还研发了一种能够在200℃以上温度环境中长期使用的耐高温韧性聚酰亚胺复合材料。先进树脂基复合材料的制备成本较高，这也是导致先进树脂基复合材料一直以来都难以广泛应用于民用工业中的一个重要因素，但目前，碳纤维技术的不断发展进一步降低了碳纤维技术的应用成本，随着液体成型、缠绕成型和自动铺放成型等高效工艺技术的应用，先进树脂基复合材料的成本将不断降低，结构复合材料产业也已跨越到由应用不断扩张带动成本持续降低的新阶段。这种情况下，先进树脂基复合材料不仅在航空航天领域应用比例大幅度提高，并逐渐开始应用于建筑施工领域、运动休闲领域中，就目前来看，可以大胆预测，先进树脂基复合材料必将成为民用工业复合材料产业的重要支撑。

1.8.2.2　结构—功能一体化发展

先进树脂基复合材料的未来发展，将体现出多功能化的优势，主要是由于结构型复合材料的应用，不但引进了吸波机制，其吸波性能也在不断提升，并且将拥有更加良好的使用温度与力学性能。这种吸波复合材料的制备，进一步拓宽了宽频吸波特性，低频吸波性能也有所改善。透波复合材料被称作"超材料"，可以应用于雷达天线罩中，且通过多频透波与透吸一体化，并借由相关的热产生与热传导机制进行研究，进一步提高雷达天线罩的耐大功率密度性与耐高温性能。基于"超材料"结构的吸波复合材料明显拓展了宽频吸收特性，实现了吸收频率范围覆盖P、C、X、S和Ku波段，明显改善了结构吸波复合材料的低频吸波性能。此外，先进树脂基复合材料的多功能发展，还包括结构抗弹树脂基复合材料、酚醛树脂基复合材料等，并分别侧重于不同的功能与性能。

1.8.2.3　绿色化发展

绿色复合材料是指采用天然纤维等可降解纤维增强可降解的生物质树脂或可降解的合成树脂而制造的新型复合材料。天然纤维增强复合材料具有环保、舒适、轻量、低价和可回收等特性，采用天然纤维增强可降解树脂的新型复合材料替代目前的热固性树脂基复合材料，可减少污染、保护环境，为应对日益逼近的能源危机和资源约束，天然纤维及其复合材料日渐成为先进复合材料研究的重要方向。

先进热塑性复合材料同样具有高性能、轻量和可回收等特性，随着先进热塑性复合材料在线成型技术方面的发展，热塑性复合材料的应用领域将进一步拓展。此外基于生物降解、化学分解等复合材料高效循环再利用技术也将是先进树脂基复合材料发展应用不可缺少的关键技术。

1.8.2.4 智能化发展

智能复合材料（intelligent composite），为机敏复合材料（smart composite）的高级形式，但机敏复合材料只能做出简单线性的响应。而复合材料能根据环境条件的变化程度非线性地使材料适应以达到最佳的效果。可以说在机敏复合材料的自诊适应和自愈合的基础上增加了自决策的功能，体现所具有的高级形式。智能复合材料是将复合材料技术与现代传感技术、信息处理技术和功能驱动技术集成于一体，将感知单元（传感器）、信息处理单元（微处理机）与执行单元（功能驱动器）连成一个回路，通过埋置在复合材料内部不同部位的传感器感知环境和受力状态的变化，并将感知到的变化信号通过微处理机进行处理并作出判断，向执行单元发出指令信号，而功能驱动器可根据指令信号的性质和大小进行相应的调节，使构件适应这些变化，整个过程完全自动化的，从而实现自检测、自诊断、自调节、自恢复、自我保护等多种特殊功能。

1.9 复合材料在21世纪的作用

自20世纪40年代初美国推出玻璃钢雷达罩以来，首先在军工产品上得到应用的玻璃钢在第二次世界大战后发展迅速。随后传入英国、德国、法国、苏联和日本等国家。我国也从1958年开始兴起玻璃钢的制备和应用。据统计，80年的时间玻璃钢制品种类已达到上万种。与大部分发达国家一样，我国复合材料工业的发展同样是经历了由军到民，军民结合和以民为主的阶段。目前我国复合材料产品在全世界名列前茅，且在继续不断的发展，复合材料在国民经济和国防建设中发挥越来越重要的作用。进入20世纪70年代后，随着高新技术的发展，高硅氧纤维、碳纤维、硼纤维、芳纶（有机纤维）等高性能先进复合材料得到了研究与发展，并相应地开发出由高性能树脂制成先进复合材料的技术。另外，新生产方式的出现以及新技术的应用也在不断地推动着复合材料工业的发展。在生产工艺上已从单个产品成型发展到多个产品连续成型；在成品尺寸上已从几厘米大小的产品，发展到大型储存罐；在技术上从手工操作发展到高度自动化及电子计算机控制。如今，先进复合材料已经是航空航天、汽车工业、舰船、地面兵器以及电子行业等现代高技术领域不可或缺、不可替代的重要基础物质。

参考文献

［1］唐恺鸿. 可发性酚醛树脂结构改性及性能研究［D］. 沈阳：沈阳化工大学，2019.

［2］崔旭. 高性能酚醛泡沫保温材料的增韧改性研究［D］. 长春：长春工业大学，2015.

［3］LAMB J J. 用于胶粘剂的酚醛树脂综述［C］. 世界胶粘剂大会，2004，107-115.

［4］朱小兰，唐建君. 酚醛树脂增韧及耐热改性研究进展［J］. 合成材料老化与应用，2019，48（6）：119-127.

［5］王园英. 新型双马树脂的合成与改性［D］. 大连：大连理工大学，2018.

［6］田文平. 氰酸酯树脂改性及其碳纤维复合材料的性能研究［D］. 南京：南京航空航天大学，2016.

［7］丁孟贤. 聚酰亚胺——化学，结构与性能的关系及材料［M］. 北京：科学出版社，2012.

［8］孙璐. 基于混合硫醚二酐的热固性聚酰亚胺树脂研究［D］. 宁波：中国科学院宁波材料技术与工程研究所，2016.

［9］何亚飞，矫维成，杨帆. 树脂基复合材料成型工艺的发展［J］. 纤维复合材料，2011，2（27）：7-13.

［10］益小苏，杜善义，张立同. 复合材料手册［M］. 北京：化学工业出版社，2009.

［11］王荣国，刘文博，张东兴. 连续玻璃纤维增强热塑性复合材料工艺及力学性能的研究［J］. 航空材料学报，2001，21（2）：44-47.

［12］张文毓. 先进树脂基复合材料研究进展［J］. 新材料产业，2010，1：50-53.

［13］赫佳昊. 复合材料的未来发展探究［J］. 工程科技与产业发展，2018，26（17）：96.

［14］田皓，曹鸿璋. 树脂基复合材料改性技术现状和面临的挑战［J］. 稀土信息，2017，6（399）：42-44.

［15］李静. 酚醛树脂的应用现状及发展趋势［J］. 塑料制造，2014，（6）：71-74.

第2章 耐热氧环境树脂基复合材料
制备关键技术

目前，先进树脂基复合材料因其优越的性能已被广泛应用在航天航空结构件中，然而，其在使用过程中多数要遭受热氧环境的考验。例如，高速战机在飞行过程中与大气摩擦，其机翼表面温度可高达177℃以上。长期暴露于这样的高温环境中，先进树脂基复合材料会发生物理化学变化，即老化。材料老化会引起其结构尺寸变化，其性能也会逐渐降低，进而飞行器服役的可靠性与寿命会受到影响，因此探究先进树脂基复合材料的热氧老化对于推动其在航天航空领域的实际应用具有现实意义。

2.1 热氧老化实验设计

材料老化方法主要可分为自然老化试验和人工加速老化试验两大类。自然老化试验是直接将试样放置在自然环境中进行老化处理，如大气老化试验、海水浸渍试验、埋地试验、仓库储存试验等。自然老化试验耗时过长，时间成本过高，因此在科学研究中常采用人工加速老化试验。人工加速老化方法是指在一定设备中人为模拟近似于自然环境的某种特定条件，通过强化某些环境因素来加速材料老化。这类方法可以在短时间内获得试验结果，同时便于研究某单一环境因素对材料老化性质的影响，也称为人工模拟环境试验。

热和氧也是聚合物发生老化的环境因素。热氧人工加速老化通常是将材料长期暴露在热空气老化箱或烘箱内，通过其静态/动态力学性能等的变化来表征热氧化条件对复合材料结构与性能的影响，研究热氧老化机理。在热氧环境中，高聚物分子易发生断链产生自由基，引发自由基链式反应，导致聚合物发生不可逆化学老化，力学性质降解。如果期待在较短时间内观测到热空气老化对树脂基复合材料性能的影响，就需要采用人工加速热氧老化试验方法来评定材料热氧稳定性。热氧老化试验通常在烘箱中进行，预设烘箱温度及老化时间，周期性测定试样外观及性能变化，探究不同老化条件下试样性质变化规律，揭示材料热氧老化机理，进一步推算材料使用寿命、储藏期限，开展材料强度设计。因此要保证在所选择的老化温度下复合材料的老化机理和常温下的老化机理相同，这就需要选择合适的老化温度和老化时间。

2.1.1　老化温度的选择

老化温度直接影响人工加速热氧老化试验结果，其选择与树脂基体的玻璃化转变温度息息相关。一般为了缩短老化时间，提高实验效率，老化温度要低于或接近基体的玻璃化转变温度。此外，所设定老化温度与材料实际服役环境温度不一定相符，但可通过不同温度区间材料性质变化揭示树脂基复合材料热氧老化机理，同时对苛刻条件下材料使用寿命评估具有重要参考价值。

2.1.2　老化时间的选择

老化时间的选择可参考ASTM D 3045-1992标准，一般为了加速实验进程，老化时间的选择不宜过长，也可通过不同时间区间材料性质变化揭示树脂基复合材料热氧老化机理。可采用电热鼓风烘箱对待老化试样进行恒温热氧老化处理。鼓风烘箱可以不断和外界进行气流交换，确保烘箱内室氧气浓度和大气环境始终一致。待烘箱内室温度升高至设定老化温度并保持恒定时放置试样，保证每个试样和热空气充分接触，按老化时间周期性取出试样自然冷却至室温，等待下一步实验表征。

2.2　热氧老化机理

纤维增强树脂基复合材料由基体、纤维、纤维/基体界面三部分组成，热氧老化对纤维增强树脂基复合材料的影响就是对这三个组成部分影响的综合结果。下面将分别从基体、纤维、纤维/基体界面三个方面来论述纤维增强树脂基复合材料的热氧老化机理。

2.2.1　纤维老化

2.2.1.1　碳纤维

碳纤维是指含碳量在90%以上的高强度、高模量纤维，以腈纶和黏胶纤维做原料，经高温氧化碳化而成。随着碳纤维或者石墨纤维增强树脂基复合材料的应用领域不断扩大，其长期使用的环境温度从欧洲超音速飞机的120℃到未来高速飞机的232℃以及未来航空发动机上的371℃，甚至最终可能高达416℃。尽管温度这么高，主要以晶体形式存在的碳纤维的物理老化仍然是可以忽略的，但碳纤维的耐高温氧化性能较差，在高温环境下发生的氧化反应是碳纤维老化的主要原因。

碳纤维的氧化反应包括以下步骤：首先是氧分子在纤维表面发生物理吸附，温度升高后转为化学吸附，被吸附的氧分子键伸长、断裂进而与纤维表面的碳原子形成表面复合物（4C）（2O）和（3C）（2O$_2$），前者通过与氧分子的碰撞发生分解，后者经高温热解为CO或CO$_2$。理论上，碳元素在空气中被加热到500℃左右才会开始氧化反应，生成CO和CO$_2$。然而由于碳纤维的组分并不全是碳，还会包含部分N、H、Na和Ca等元素以及表面的一些上浆剂（大多数是环氧型浆料），这些物质可促进纤维的氧化或者在较低的温度下就可被氧化，所以碳纤维实际的氧化温度要低于500℃。

2.2.1.2　玻璃纤维

玻璃纤维是一种具有优良性能的无机非金属材料，以矿石为原料经高温熔制、拉丝等一系列复杂的工艺制造而成，具备导热系数小、绝缘性好、耐高温和良好的耐环境性能等特点。在热氧环境下一般认为玻璃纤维是不老化的。一方面，作为无机材料它不易于与氧气发生氧化反应；另一方面，玻璃纤维表面的上浆剂多为硅烷偶联剂，这些偶联剂不像碳纤维表面浆料一样会促使其氧化分解，反而可以和树脂之间形成一些共价连接。因此，在玻璃纤维增强树脂基复合材料的热氧老化中，一般是树脂基体的老化起主导作用。

2.2.1.3　其他纤维

除了碳纤维和玻璃纤维之外，较常用作树脂基复合材料增强体的还有芳纶、玄武岩纤维和麻纤维等，但由于其一般很少用在航空航天等领域，因此在热氧老化等方面的研究非常有限，在此不再探究。

2.2.2　基体老化

2.2.2.1　基体的物理老化

聚合物基体的物理老化是指其在没有发生任何化学反应，没有改变任何化学结构和性质的情况下发生物理性能改变的现象，如体系密度、焓和熵等发生改变。这些性能的改变可以通过对材料的再处理而得到恢复，故物理老化是一种可逆的过程。物理老化现象的本质原因是高聚物的热力学非平衡性质。基体的物理老化引起材料的体积收缩会使材料更加紧密，从而导致密度变大。密度增加会抑制分子的运动，从而由温度变化引起材料体积的变化就会减少，所以材料的热膨胀系数就会随着老化时间的增加而减小。物理老化除了对材料的韧性有影响外，还会对材料的其他力学性能产生影响，如物理老化会导致环氧树脂基体或者环氧复合材料弹性模量有一定的增加，但增加幅度很小；物理老化对聚合物的焓也会产生影响，一般而言，聚合物的焓随着老化时间的延长和老化温度的增加而下降。物理老化也导致浇注体需要更高的能量来达到高弹态，因此在恒定温度下吸热峰温度随着老化时间的增加而升高，但当温度进一步增加至分子体系逐渐靠近其结构平衡态时，吸热峰则不会继续增加。

如上所述，物理老化是一个可逆的过程，所以物理老化对聚合物的影响可以通过对聚合物进行再次处理得到恢复，最主要的方法就是退火处理。关于退火温度的选择，现在研究者的看法不一，但退火处理的本质是通过升高温度使聚合物分子达到平衡状态来消除物理老化造成的影响，当温度在T_g之下时聚合物并没有处于平衡状态，很难达到消除物理老化的作用，因此建议选择退火温度时要略高于聚合物的T_g温度。

2.2.2.2　基体的化学老化

基体的化学老化是指在热氧老化环境下聚合物链段产生永久性的不可逆转的化学结构改变，即聚合物的分子键改变是化学老化的结果。化学老化是个大类，它包含所有分子中原子的变化。对于聚合物来讲，这是老化进程中很重要的一个方面。

（1）聚合物老化的反应类型。

①聚合物化学老化的一种反应类型是当其暴露于高温时会进行持续的固化反应，通常称为后固化。聚合物之所以会出现后固化反应，是因为聚合物材料出于大规模生产的目的，固化温度是被设计用来生产聚合物的"最佳"反应温度，固化周期被赋予了"最佳"固化的反应时间，所以通常按照厂家提供的固化程序制造的材料并没有固化完全，当材料暴露于高温时，未发生反应的官能团会继续进行反应。研究表明即使老化温度低于固化温度，额外的交联和链段的生长也会发生，只不过后固化反应比较缓慢，而在高温下后固化反应比较迅速，能够在短时间内完成后固化。

②聚合物化学老化的另一种反应类型是聚合物链段在高温环境下受到氧气的攻击会发生热—氧降解。热—氧降解可以分为两个阶段：第一阶段为热解导致断链。这一阶段与氧气存在与否无关。在这一阶段，由于分子的重新排布会形成热稳定性更高的化合物。如果这些物质不被氧化，也就是在没有氧气存在的情况下，这种化合物在高温下是相对稳定的。第二阶段：断链释放出来的分子向表面迁移，如果这些分子已经是挥发物会立即挥发离开试样，如果不是挥

发物，会在氧气存在的情况下被氧化，在试样的表面形成薄的氧化层，部分物质被氧化成可挥发的产物离开聚合物。

聚合物的热—氧降解是自由反应的过程，所以上述第一阶段相当于引发阶段，聚合物RH热解会产生初始自由基R·，或者将已经形成的过氧化物，分解成自由基。聚合物中残留的引发剂或包埋的自由基都促进引发。第二阶段是增长阶段，初始自由基一旦形成，就迅速地增长、转移，进入连锁氧化过程。相关基元反应和活化能如下所示：

引发 $RH \longrightarrow R \cdot + \cdot H$

           $ROOH \longrightarrow RO \cdot + \cdot OH$ $E \approx 150 kJ/mol$

快增长 $R \cdot + O_2 \rightarrow ROO \cdot$ $E \approx 0 kJ/mol$

慢转移 $ROO \cdot + RH \rightarrow ROOH + R \cdot$ $E \approx 30 \sim 45 kJ/mol$（三级H和二级H）

          $HO \cdot + RH \longrightarrow H_2O + R \cdot$ $E \approx 150 kJ/mol$

          $RO \cdot + RH \longrightarrow ROH + R \cdot$

终止R·、RO·、ROO·双基终止成稳定产物

自由氧化降解取决于两个过程：氧气扩散和化学反应。降解动力学就是依靠这两个过程。如果两个过程的进行速率不一致，那么相对慢的过程将会控制降解动力学。如果两个速率是相近的，那么降解动力学需要将两者都考虑。然而，在绝大多数固体聚合物中，化学反应速率是显著大于氧气扩散速率的。因此，聚合物的降解速率被氧气的扩散速率所限制。氧气扩散速率越快，材料的氧化速率也就越快。氧气浓度或压力控制着氧气的扩散速率，因此氧气浓度或压力越高，氧气的扩散速率就越快，聚合物降解速率也就越快。氧气扩散是从聚合物表面向内部逐渐进行的过程，所以随着老化时间的延长，氧化层厚度会逐渐增加。从理论上讲氧化层的厚度会持续增加，但表面形成的致密氧化层会阻碍氧气的进一步扩散，所以氧化层的厚度是有一定限度的。将环氧树脂浇注体在140℃下老化168h、360h、720h和1200h后的氧化层厚度分别为0.32mm、0.62mm、0.81mm和0.86mm。虽然氧化层的厚度随着老化时间的延长在增加，但是增加的速率在逐渐降低，最后趋于一个稳定值。这是因为表面树脂被氧化

生成一层惰性物质，这种物质可以阻碍氧气向内部扩散，从而避免了内部树脂的进一步氧化。许多实验，如红外光谱分析、光学显微镜、X射线分析、维氏硬度分析恒温重量分析，同样证明氧化仅局限于表层。虽然氧化层的厚度相对于整个复合材料的厚度来说微不足道，但是它足以让材料的表面变脆。氧化层结构的变化可导致材料在两个尺度的脆化：一是，在微观分子结构上，断链和交联会改变氧化层分子的性能，主要改变断裂性能。因此材料氧化后的断裂应变或者韧性会有大幅的下降；二是，在宏观范围内，氧化层失重，与此同时材料密度增加，两者的联合效应引起树脂收缩。因为氧化层紧紧地与未氧化的区域相连，这就导致氧化层的收缩被阻碍，从而产生梯度拉应力。因此，在长期的老化下，氧化层会"自发"地产生裂纹。

裂纹的产生分以下几个步骤进行：无裂纹→初始裂纹→二级裂纹→三级裂纹。由于柯肯特尔（Kirkendal）效应的存在，即由氧气向内部扩散的速率小于分解产物向外部扩散的速率，会在裂纹区域产生小空隙，而且越靠近试样表面，空隙越多。这些微裂纹和空隙创造了额外的表面积和扩散路径，从而加剧材料的降解速率。

（2）基体化学老化的表征。基体的化学老化可以通过基体颜色变化、官能团分析、元素表征、材料失重、硬度变化以及玻璃化转变温度的测定等手段来表征。

①颜色变化：基体树脂的颜色变化是证实树脂基复合材料化学老化最直观、最快速的方法之一。由图2-1可以看到，试样颜色随老化时间的延长逐渐加深，从未老化试样的灰白色、老化168h试样的黄色、老化360h和720h试样的棕色，到老化1200h时试样变为黑色。这种颜色的变化源于一种化学结构为O═（C_6H_4）═O的黑色物质。环氧树脂浇注体试样的横截面抛光后用来观测氧化层厚度，如图2-1所示。尽管图2-1中浇注体表面颜色随老化时间的不同变化得很明显，但是浇注体的化学变化只发生在试样的表层，因为表面树脂被氧化生成的惰性物质可以阻碍氧气向内部扩散，从而避免了内部树脂的进一步氧化。环氧树脂浇注体试样在80℃、100℃和120℃下老化后表面颜色的变化规律和

140℃时相同，只是温度越高颜色变化越明显。

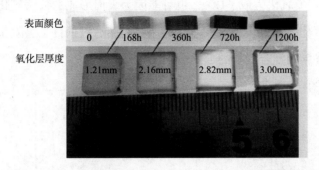

图2-1 环氧树脂浇注体试样在140℃老化不同时间后的表面颜色和氧化层厚度图

图2-2为横向玻璃纤维束拉伸双马树脂试样在200℃下老化不同时间后的表面颜色变化图，横向玻璃纤维束拉伸试样的大部分成分为树脂基体，因此可以用来表征双马树脂老化前后的颜色变化。由图2-2可以看出，试样颜色随老化时间的延长逐渐变深，慢慢地从未老化时的淡黄色，老化10天后的红棕色，到老化180天之后的黑色。这种变化也是因为在热氧老化过程中双马树脂中生成了化学结构为O═（C_6H_4）═O的黑色物质。

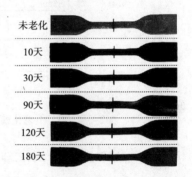

图2-2 横向玻璃纤维束拉伸试样在200℃老化不同时间后的表面颜色变化

②官能团变化：化学老化会导致材料的官能团变化，该变化可以通过红外光谱分析明显看出。图2-3为环氧树脂在老化前和在140℃下老化不同时间后的表面红外光谱图。从图2-3中可以看到位于1730 cm⁻¹处C═O的吸光度随着位于2922cm⁻¹和2851cm⁻¹处C—H吸光度的减小而增加，这表明C—H官能团被氧化生成不饱和醛、酮、酯或者酸。此外，位于1606cm⁻¹、1508cm⁻¹和1456cm⁻¹处的苯环官能团的吸光度随着老化时间的延长而降低，这是因为部分苯环结构被破坏，生成一种黑色物质［O═（C_6H_4）═O］。位于1178cm⁻¹处的C—O—（C_6H_4）由于受到热氧攻击部分被破坏，所以其吸光度随着老化时间的延长而

降低。C=O和C—H官能团的强度从720h到1200h并没有显著变化，这可能因为C=O被进一步氧化生成了CO$_2$，也可能因为表面形成的致密氧化层阻碍了树脂的进一步氧化。以上现象说明基体树脂在高温有氧条件下会发生分子氧化断链，这将最终影响复合材料的力学性能。

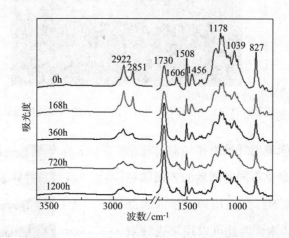

图2-3　140℃下老化前后环氧树脂浇注体试样表面的红外光谱

图2-4为双马树脂分别在200℃和250℃条件下热氧老化不同时间前后的红外光谱图，从中可以了解热氧老化对双马树脂的影响。此外，表2-1总结了老化前后的双马树脂的特征峰。如图2-4所示，在200℃和250℃条件下老化180天（对比未老化试样）的双马树脂的红外光谱图发生了明显的变化。首先，2922cm^{-1}和2851cm^{-1}的峰值与单体单元的C—H拉伸有关，它们的减少证实了双马树脂中易受影响的烃类单元经过长时间的热氧老化后会被严重氧化。此外，在1710cm^{-1}和1365cm^{-1}处的吸收峰减小是由于高温导致这些化学键的断裂。然而，随着老化时间的延长，1602cm^{-1}处的吸收峰逐渐增加，这证实了固化后的双马树脂中的亚甲基基团（—CH$_2$—）被氧化并与苯环结合形成C=O。1510cm^{-1}、1184cm^{-1}和1098cm^{-1}处的吸收峰都与热氧分解有关，934cm^{-1}处的吸收峰也明显减小，这些都说明交联的马来酰亚胺环分解得越来越多。综上所述，双马树脂在高温下老化不同时间发生主要的变化是交联马来酰亚胺的氧化分解，这是双马树脂发生破坏的主要原因。此外对比图2-4（a）和图2-4（b）可以发现，

双马树脂无论在200℃还是在250℃热氧老化，其变化的吸收峰都是一致的，然而，在250℃条件下老化的双马树脂老化10天后就发生了明显破坏，大部分吸收峰已经变得不明显，这说明在高于玻璃化转变温度的250℃条件下进行热氧老化时，双马树脂在短时间内就会发生非常明显的破坏。

表2-1　双马树脂的红外特征峰位置对照表

波数/cm⁻¹	特征	官能团
2922	不对称的CH₂	—CH₂—
2851	对称的CH₃	—CH₃
1710	不对称的酰亚胺	—C=O
1602	C=C与C=O结合生产	—C=C—C=O
1510	苯环的C=C键	—C=C—
1365	各种脂肪族和亚胺	CH，CH₂，CH₃
1180	由C=C生成	C—N—C
1098	琥珀酰亚胺或乙醚	—C—O—C
934	马来酰亚胺变形	C=C

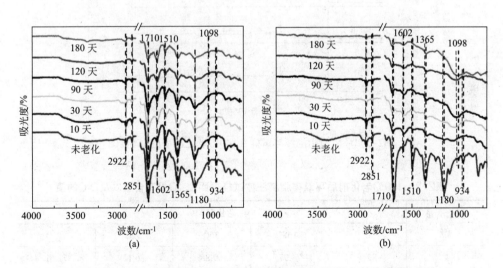

图2-4　双马树脂在200℃和250℃老化不同时间的红外光谱图

③元素变化：化学老化还会导致材料的元素变化，X射线光电子能谱分析

（XPS）测试可以定量分析浇注体表面元素的变化。图2-5为未老化和在140℃下老化不同时间的环氧浇注体的XPS测试结果。图谱中键能285eV处对应的为C1s峰，532eV处对应的为O1s峰。根据XPS谱图峰面积，利用灵敏度因子归一法计算C和O元素原子分数。表2-2列出了浇注体试件表面C、O相对含量以及O/C比。从表2-2中可以看出，随着老化时间的延长，O元素含量以及O/C在增加，在140℃下老化1200h后，O/C达到0.255，而C元素含量总体在减小，这一结果和红外光谱的分析结果一致。C元素相对含量减小有两方面原因，一方面是因为部分含C官能团被O_2氧化，O元素的含量提高，相应的C元素含量就会降低；另一方面可能是试样中部分C元素和O元素结合生成CO_2挥发离开了试样。此外，O/C含量从720h到1200h增加很微弱，这一结果和红外光谱分析结果一致，说明从720h开始，试样表面氧化速率变缓。

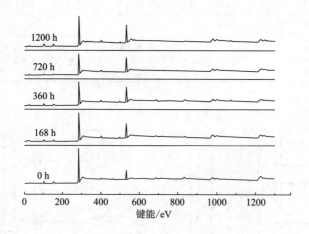

图2-5 环氧树脂浇注体试样在140℃老化前后的XPS谱图

表2-2 140℃老化前后环氧树脂浇注体试样表面C、O相对含量以及O/C的值

元素含量 /%	老化时间/h				
	0	168	360	720	1200
C	82.5	74.97	69.88	76.11	71.61
O	8.38	17.19	17.25	19.40	18.26
O/C	0.1016	0.2293	0.2469	0.2549	0.2550

图2-6为未老化和在200℃和250℃老化的双马树脂进行能谱分析的结果，分别列出了C、O的相对含量和O/C的值。从中可以发现，随着老化时间的延长以及老化温度的增加，O元素含量以及O/C值在增加，在200℃和250℃热氧条件下老化180天后，O/C值分别达到16.86%和23.89%，而C元素含量总体在减小，这一结果和红外光谱的分析结果是一致的。C元素相对含量减小有两方面原因，一方面是因为部分含C官能团被O_2氧化，O元素的含量提高，相应的C元素含量就会降低；另一方面可能是试样中部分C元素和O元素结合生成CO_2后从试样中挥发了。以上结果都说明，树脂基体在热氧环境中发生了氧化分解，且随着老化温度的升高和老化时间的延长，树脂分解得越来越多。

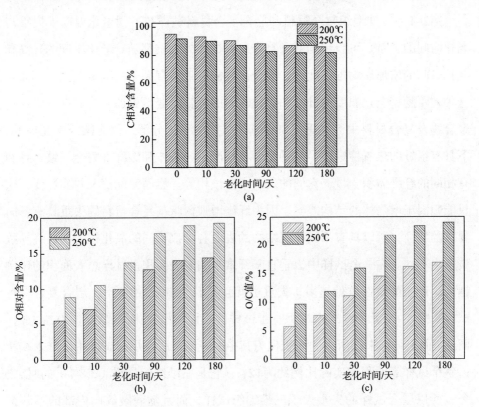

图2-6　200℃和250℃老化前后双马树脂表面C、O相对含量以及O/C的值

④材料失重：在热氧老化环境下，残留在树脂基复合材料中的低分子挥发物、由热氧老化导致的分子网链断裂产生的低分子碎片以及进一步固化产生的

低分子副产物会以气体的形式离开材料，造成材料重量减小的行为称为材料的失重。这些气体小分子一般为水、氮气、二氧化碳、碳氢化合物和胺类化合物。

先进树脂基复合材料的失重具有各向异性的特征，且受老化时间、老化温度、增强体结构、纤维体积含量等多因素的影响。正常情况下，在高老化温度和长老化时间条件下，基体树脂的氧化断链会越来越严重，产生的低分子副产物相应增多。因此，材料的失重会随着老化温度的和老化时间的增加而增加。在纤维体积含量一致的情况下，复杂的增强体结构（如三维编织、三维机织等）相对于简单的层合结构而言，具有更优异的抗老化失重效果。

图2-7为三维编织复合材料和层合复合材料试样在不同老化温度下失重与老化时间的关系。可以看到两种复合材料试样的失重都随着老化温度的升高和老化时间的增加而增加。此外，层合试样的失重一直大于三维编织试样，而且这种差距随着老化温度的升高和老化时间的延长而变得更加明显。在纤维增强聚合物及复合材料中，失重只来自基体树脂的氧化分解，因为碳纤维在140℃下具有很好的热氧稳定性。两种复合材料所用的基体和碳纤维完全一致，且拥有相同的纤维体积含量，它们的失重本应该相等。然而实际情况并非这样，这只能归因于增强体的结构差异。因为纤维增强树脂基复合材料的失重具有各向异性的特征，所以具有不同微观结构的表面会导致不同的氧化行为，最终导致失重也不同。在一个试样中，垂直于纤维末端的表面积占试样总表面积的比例越大，产生的微裂纹就越多，失重也就会越多。如图2-8所示，层合复合材料试样 $S_2/(S_1+S_2)$（纤维末端垂直于试样的表面积/试样面积综合）为24.1%，而在 S_2 面上纤维末端所占的面积仅为其中的一半，所以层合试样中纤维末端所占整个试样表面积的实际比例约为12%，它是三维编织试样（3.8%）的3倍之多，所以层合试样的失重大于三维编织试样，而且随着裂纹向内部的不断扩展，这两种材料的失重差距越来越大。

上述复合材料受老化时间和温度影响的失重规律同样存在于三向正交碳/玻璃纤维/双马复合材料和三维面内准各向同性碳/玻璃纤维混杂编织复合材料

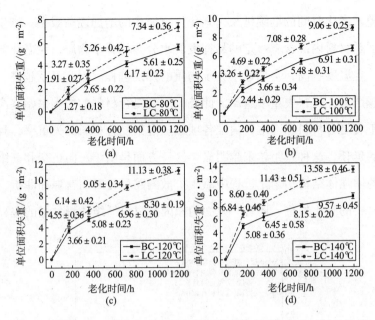

图2-7 两种复合材料试样在不同老化温度下的失重与老化时间的关系
BC—三维编织复合材料 LC—层合复合材料

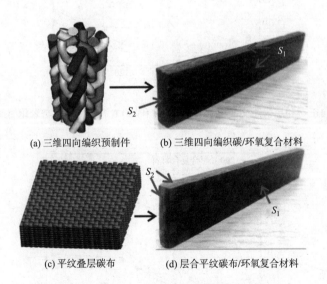

(a) 三维四向编织预制件   (b) 三维四向编织碳/环氧复合材料

(c) 平纹叠层碳布   (d) 层合平纹碳布/环氧复合材料

图2-8 层合复合材料试样
S_1—平行于纤维的表面积　S_2—垂直于纤维的表面积

中，如图2-9和图2-10所示。从图中可以看到，所有材料在250℃条件下的失重率都明显高于200℃条件下的，且在刚开始老化一段时间内，试样的质量损失很快，随着老化时间的继续延长，老化失重速率的增加逐渐减小。产生这种现象的原因是材料内部含有一定的易挥发的水分等低分子物质，在老化初期会迅速挥发，且温度越高，会加速小分子物质的挥发进程。因此温度越高，树脂降解程度越严重，材料失重率越高。此外，层合复合材料的失重率始终高于对应的三向正交复合材料和三维面内准各项编织混杂复合材料的失重率，且随着老化时间的延长，这种差距越来越明显。这一方面是由于三向正交和三维编织具有复杂的增强体结构，老化过程中氧气扩散的路径相对而言更加曲折，能够有效防止材料的老化失重。还有一方面的原因是材料纤维体积含量的差异所致。

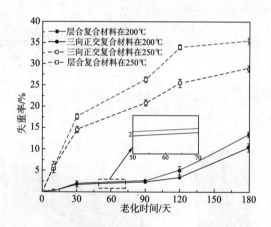

图2-9 三向正交和层合正交复合材料在200℃和250℃下的失重率与老化时间关系曲线

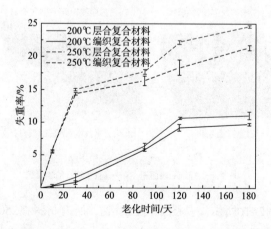

图2-10 三维面内准各项编织混杂和层合混杂复合材料老化后失重率与老化时间的关系曲线

因为三向正交复合材料和三维面内准各项编织混杂复合材料的纤维体积含量均稍大于对应的层合复合材料的纤维体积含量。纤维在热氧环境下具有较好的稳定性，所以树脂基复合材料的失重主要与基体有关，而层合复合材料的纤维体积含量相对较少，即材料中含有更多的树脂基体，所以在老化过程失重更多。由此可见，除去老化时间、老化温度和增强体结构，纤维体积含量也是影响复合材料老化失重的一个重要因素，在设计和制备材料时必须加以考虑。

⑤玻璃化转变温度：热氧老化会导致聚合物发生物理化学变化并伴有分子流动性的改变，而玻璃化转变温度（T_g）和模量可以证实这一变化。由于聚合物是黏弹性材料，同时具有黏性流体和弹性固体的某些性能，当形变发生时，一部分能量以位能的形式储存，另一部分以热的形式耗散。因此，树脂基复合材料的内耗相当大的部分归结于界面的不完善和基体树脂的能量耗散。研究表明，在较低温度下，因物理老化和后固化的作用，碳纤维增强树脂基复合材料的T_g升高；在较高温度下，因聚合物分子链的断裂和交联密度的减小，碳纤维增强树脂基复合材料的T_g降低。此外，在动态热机械分析曲线中损耗模量峰值所对应的温度是聚合物链段开始大规模运动的温度，即T_g。

图2-11为从动态热机械分析曲线中提取出的T_g与老化时间的关系图。从图中可以看到，浇注体的初始T_g（125.5℃）小于三维编织复合材料和层合复合材料的T_g。这可能是因为复合材料中的纤维阻碍了聚合物分子链的运动，致使其T_g高于基体材料的T_g。三维编织复合材料的初始T_g为141.9℃，它比层合复合材料的T_g（127.6℃）高了14.3℃。这可能是由于三维编织预制件内纤维的交联点多于层合叠层碳布，而这些交联点可以阻碍分子的流动。在80℃和100℃下老化0~168h时，两种复合材料的T_g都有所上升，这可能是由于基体树脂后固化所致。而老化时间超过168h后两种复合材料在80℃和100℃下的T_g都随着老化时间的增加而下降。这是由于基体树脂在长时间热氧老化下发生了氧化反应，造成分子断链。在120℃和140℃下老化0~168h时并没有观测到T_g上升的现象，这可能因为在接近或等于基体树脂T_g的温度下老化时，基体树脂氧化断链严重，造成T_g的下降幅度大于后固化导致的T_g的上升幅度，两者竞争的最终结果造成

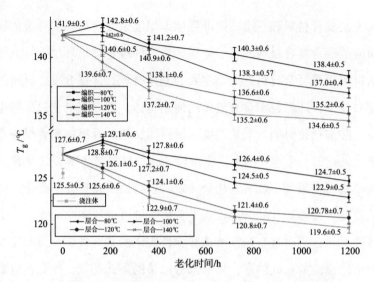

图2-11 环氧树脂浇注体及复合材料的T_g随老化温度和老化时间的变化关系
（层合—层合碳布/环氧复合材料 编织—三维四向编织碳/环氧复合材料）

T_g的下降。这一结果与红外光谱分析中观测到的分子氧化断链结果相吻合。此外，两种复合材料的T_g都随着老化温度的升高而下降。这是因为老化温度越高，基体氧化越严重。

2.2.3 界面老化

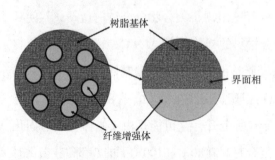

图2-12 复合材料界面模式图

界面作为复合材料结构的三相（基体、增强体和界面）之一，是材料中非常重要的微结构，它起连接增强体和基体的作用（图2-12），对复合材料的物理性质、化学活性和力学性能等有着至关重要的影响。

在热氧老化过程中，物理老化导致基体自由体积收缩以及纤维和基体热膨胀系数不匹配造成的收缩应力可能造成界面损伤，但纤维/基体界面性能的退化主要是由基体的氧化降解主导。图2-13为在200℃下层合复合材料老化不同时间后断裂面的扫描电镜图。从图2-13（a）可以看出，未老化试样的纤维表面有大量的树脂附着，且纤维之间没有出现明显的裂纹和孔隙，说明纤维/基体界面的结合情况良好。而纤维表面树脂的脱黏现象随着老化时间的延长越来越严重，当老化时间为180天后，纤维表面几乎无树脂附着。在老化30天时，纤维与树脂基体之间开始出现裂纹。老化180天后的试样中纤维表面光滑，说明树脂已基本全部脱落，纤维与树脂基体之间的裂纹增多。这是由于长时间的热氧老化，树脂基体发生了氧化反应，体积收缩，且纤维与树脂基体之间会产生热应力，造成了裂纹的产生。裂纹不断增多并扩展为氧气进入材料内部提供了更多的通道，使树脂基体与氧气的接触面积进一步增加，进而加速了材料的热氧老化进程，造成材料界面性能的严重下降。这也从侧面说明了物理老化对界面影响很小，而由氧化诱导发生的化学老化才是界面下降的主要原因。

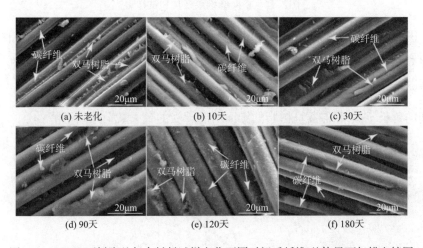

图2-13　200℃下树脂基复合材料试样老化不同时间后纤维/基体界面扫描电镜图

研究表明，弱的界面会加速树脂基复合材料的降解，而好的界面会提高树脂基复合材料的热氧稳定性。这是因为当树脂基复合材料界面结合能力较弱时，氧气会沿着纤维/基体界面进入树脂基复合材料内部，加大了氧气与树脂的接触面积，加快了内部树脂的氧化降解速率。因此，提高树脂基复合材料的界面性能对提高整个树脂基复合材料的热氧稳定性有显著意义。纤维束拉伸实验是一种制备和操作简单，且能定量表征纤维/树脂界面性能的方法。图2-14

（a）和图2-14（b）分别为制作横向纤维束拉伸试样的模具图和试样尺寸图，制备好的横向纤维束拉伸试样如图2-14（c）所示。

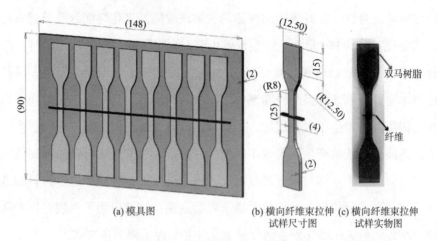

(a) 模具图　　(b) 横向纤维束拉伸　(c) 横向纤维束拉伸
　　　　　　　　　　试样尺寸图　　　　　试样实物图

图2-14　横向纤维束模具和试样图

　　图2-15为横向碳纤维束拉伸试样在200℃老化不同时间的载荷位移曲线。可以看到横向碳纤维束拉伸试样发生的是脆性破坏，且这一特征没有因老化而发生改变，但是试样老化后初始线段的斜率比未老化的有所降低。且随着老化时间的延长，碳纤维/双马树脂的界面所能承受的最大载荷逐渐下降。

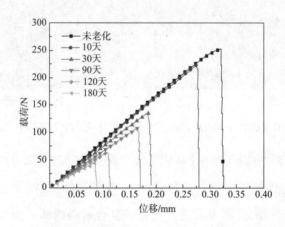

图2-15　横向碳纤维束拉伸试样在200℃老化不同时间的载荷位移曲线

　　图2-16为横向碳纤维束拉伸试样，图2-17为横向玻璃纤维束拉伸试样在未老化和暴露于200℃后（老化时间为10天、30天、90天、120天和180天）的

表面裂纹发展情况。可以清楚地看到，未老化试样表面相对光滑，而老化90天的试样表面开始出现裂纹。当老化时间达到180天时，裂纹变得非常明显，且裂纹的数量和面积也大大增加。这是由于长期的热氧老化导致了双马树脂的脱水、收缩和一系列的劣化。此外，可以明显发现横向碳纤维束拉伸试样表面比横向玻璃纤维束拉伸试样老化更为严重。

图2-16　横向碳纤维束拉伸试样在200℃老化不同时间的表面显微照片

图2-17　横向玻璃纤维束拉伸试样在200℃老化不同时间的表面显微照片

图2-18和图2-19为在200℃和250℃老化90天的以两种纤维制作的横向纤维束拉伸试样在破坏后沿长度方向的侧面显微照片。可以看到老化90天后的试样表面基体部分出现了大量的裂纹，另外在200℃老化的试样的裂纹出现在纤维附近，而在250℃下老化时，发现裂纹开始向外扩展。此外，由于纤维/树脂界面性能相对较弱，因此拉伸破坏均发生在纤维/树脂界面处。

图2-20（a）为横向纤维束拉伸试样在200℃和250℃下老化不同时间的界面强度和强度保留率曲线。图2-20（a）可以发现两种试样的界面强度都随老化时间的延长和老化温度的升高而下降，这是因为材料之间的热膨胀系数不匹配，在热氧老化时会在界面产生裂纹，导致界面性能的下降。此外无论在200℃还是在250℃条件下老化，横向碳纤维束拉伸试样的保留率均明显低于横向玻璃纤维

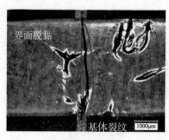

(a) 200℃老化90天　　　　　　　(b) 250℃老化90天

图2-18　横向碳纤维束拉伸试样的破坏形貌图

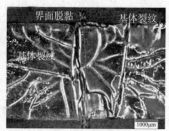

(a) 200℃老化90天　　　　　　　(b) 250℃老化90天

图2-19　横向玻璃纤维束拉伸试样的破坏形貌图

束拉伸试样。这是因为碳纤维（$-0.38 \times 10^{-6}℃^{-1}$）和双马树脂（为$44 \times 10^{-6}℃^{-1}$）的热膨胀系数比玻璃纤维（$2.59 \times 10^{-6}℃^{-1}$）和双马树脂（为$44 \times 10^{-6}℃^{-1}$）的热膨胀系数相差更大，因此热氧老化后的碳纤维/双马树脂界面性能下降更为严重。另外则与纤维表面的上浆剂有关。碳纤维表面添加的上浆剂的主剂为环氧树

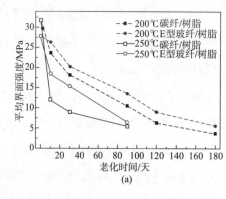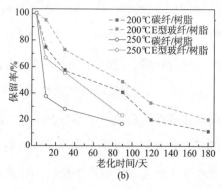

图2-20　两种横向纤维束拉伸试样老化不同时间的界面平均强度图和界面强度保留率图

脂，它在常温下能与树脂很好地结合，但在180℃左右就会发生热氧分解，从而造成碳纤维/双马树脂基体界面强度的显著下降。而玻璃纤维表面的上浆剂多为硅烷偶联剂，其可以与树脂形成共价连接，且能与玻璃纤维表面发生反应，生成稳定的Si—O—Si键，从而提高其界面的结合强度。

综上所述，热氧老化导致树脂表面出现裂纹，纤维与树脂脱黏，使得纤维/树脂界面性能大大降低，此外，老化后的玻璃纤维/双马树脂界面性能失重优于碳纤维/双马树脂界面。

2.3　热氧环境下复合材料耐久性的影响因素

2.3.1　树脂基体的影响

在热氧老化过程中由氧化导致的基体退化是树脂基复合材料机械性能下降的主要因素。不同的树脂基体的性质不同，因此使用温度也不同。长时间服役在某一温度下，树脂基体会发生不同的变化，从而会影响树脂基复合材料的使用寿命。一般来说由热稳定性高的树脂制造的复合材料的热氧稳定性也相对较高，鉴于此，人们致力于通过对已有树脂的改性或者合成新的树脂来提高树脂基复合材料的耐热性能。例如，缩水甘油醚双酚A型环氧树脂的热稳定性和韧性都较差，当在这种树脂里添加一定量的酚醛环氧树脂后，这种树脂的热稳定性有了极大的提高。由于热塑性树脂具有很强的抵抗破坏的能力且在高温下具有高的热氧稳定性，有人将热塑性树脂添加到环氧树脂里来提高其耐热能力。此外，研究人员近年来开展了新树脂的研制工作，取得了令人满意的成果。研制出的耐427℃的聚酰亚胺树脂基体（KH–400系列），对碳纤维具有良好的浸润性，可制成高品质的碳纤维预浸料。然而，并不是基体的耐热性能提高，树脂基复合材料的耐热氧老化性能就一定会提高。Mascia L等研究表明改性后的环氧树脂浇注体的耐热氧老化性能显著提升，但是用其制作的碳纤维增强树脂基复合新材料并没有表现出这一优势，这可能和纤维与树脂结合的界面有关系。因此，在对基体进行改性或者合成新的树脂时还要注意它和纤维的黏结性能。

2.3.2 界面性能的影响

存在于纤维增强体与树脂基体之间的界面被称为复合材料的"心脏"，是外加载荷在增强体与基体之间传递的纽带，直接影响复合材料的诸多性能。纤维/基体界面受到热氧老化后会产生微裂纹，微裂纹会在老化过程中为氧气进入复合材料的内部提供额外的通道，加速了树脂基复合材料的氧化。纤维/基体界面在热氧条件下产生微裂纹的多少与两者的结合强弱有直接关系，一个弱的界面会加快材料的降解。经过纤维表面改性提高了界面性能的树脂基复合材料要比未改性的材料抵抗热氧老化的能力强，但这并不意味着常温下界面结合性能好的树脂基复合材料的耐热氧老化能力就一定强。Bowles K J 等将 Hercules 公司的一种中模石墨纤维 A-4 进行了表面改性处理，并研究了由它们增强 PMR-15复合材料的热氧老化性能。其中 AU-4 未改性，AS-4 和 AS-4G 是经过表面改性的。结果发现 AS-4/PMR-15 和 AS-4G/PMR-15 的室温剪切性能较 AU-4/PMR-15分别提高了 60% 和 74%。将上述 3 种材料在 316℃下老化 1000h 后发现经过界面改性的复合材料的剪切性能保留率均大于未经改性的 AU-4/PMR-15，但是常温下层间剪切性能最高的 AS-4G/PMR-15 在老化后并没能继续保持这种优势，而是低于 AS-4/PMR-15。这是因为 AS-4G 纤维表面含有 1.5% 的环氧涂料，而这种环氧涂料在高温下容易分解，导致界面产生微裂纹，为空气进入材料内部提供了通道，加快了界面的氧化降解，降低了剪切性能。因此在界面改性时要选择热氧稳定性高的材料，这样才能有效地提高树脂基复合材料的热氧稳定性。

2.3.3 增强体的影响

增强体作为复合材料的支撑结构，承担大部分载荷，因此复合材料在热氧环境下的性能变化与增强体本身的性能息息相关，决定增强体的因素有增强纤维、纤维体积含量、纤维取向、增强体结构等几个方面。

2.3.3.1　增强纤维的影响

增强纤维作为树脂基复合材料中的主要承力部分，其在热氧环境中的表现对纤维增强树脂基复合材料的热氧稳定性有很大的影响。因为纤维的氧化不但会造成自身力学性能的下降，而且还会使纤维与树脂基体之间产生裂纹，造成界面性能下降，最终导致复合材料整体力学性能的下降。对于常用的碳纤维而言，一般纤维含氮量越高，耐高温氧化性能就越差，此外PAN基碳纤维里的化学结合氮也是促进氧化的重要因素。此外，用模量高的纤维增强的树脂基复合材料的耐热氧老化能力更强。这是因为纤维/基体界面的强度会随着纤维杨氏模量的增加而增加，在老化时能够有效地抵抗界面氧化。

纤维表面条件对纤维增强树脂基复合材料的热氧老化性能也有很大影响，比如含钠和钾等污垢物多的石墨纤维比碱金属含量低的石墨纤维更容易被氧化。此外，纤维在出厂前会进行表面处理即上浆，目的是在纤维表面形成一层保护膜，保护纤维免受破坏，同时提高纤维的表面活性，从而提高复合材料的界面黏结性能。碳纤维表面添加的上浆剂的主剂为环氧树脂，这种上浆剂在常温下能与树脂很好地结合，但其耐高温性能很差，在180℃左右就会发生热氧分解，从而造成碳纤维/树脂基体界面强度的显著下降。而玻璃纤维表面的上浆剂多为硅烷偶联剂，其可以与树脂形成共价连接，且能与玻璃纤维表面发生反应，生成稳定的Si—O—Si键，从而提高其界面的结合强度。

综上所述，在保证所需设计强度的前提下，可优先选择玻璃纤维，而采用碳纤维作为增强材料时尽可能选择模量高的，因为模量高的碳纤维含碳量高（杂质少），界面性能好，能有效地降低自身氧化以及由此带来的界面性能的退化，从而提高树脂基复合材料整体的耐热氧老化性能。

2.3.3.2　纤维体积含量的影响

无论是在常温环境还是极端环境下，纤维增强树脂基复合材料中纤维的占比对其整体性能影响都很大。M. Akay研究了纤维体积含量分别为54%和58%的T300/BMI复合材料在230℃下老化2000h的微裂纹和层间剪切性能随老化时间的变化情况，结果发现纤维含量为58%（体积分数，下同）的材料比54%的产生的微裂纹多。Sullivan研究了纤维含量在53%～63%（体积分数，下同）的碳纤维增强树脂基复合材料的微裂纹随老化时间的变化情况，得到了和M. Akay相似的结论。这是因为纤维体积含量高的碳纤维增强树脂基复合材料存在更多的纤维/基体界面，会产生更大的热应力。M. Gentz模拟了纤维体积含量分别为40%、50%、60%、70%的复合材料在316℃老化42天后的最大残余应力，充分证实了M. Akay的推断，即内部最大应力随着纤维体积含量的增加而增加。由于纤维体积含量高的碳纤维增强树脂基复合材料产生了更多的微裂纹，最终导致纤维体积含量为58%的碳纤维增强树脂基复合材料的层间剪切强度保留率小于纤维体积含量为54%的碳纤维增强树脂基复合材料。因此在设计树脂基复合材料时，在满足强度要求的前提下，可以适当地降低纤维体积含量。

2.3.3.3　纤维取向的影响

增强纤维的取向在树脂基复合材料的热氧降解中扮演重要的角色，这使树脂基复合材料的氧化行为呈现出各项异性的特征。Mohammad等将单向 $[0_{16}]$ 和 $[90_{16}]$ 的碳纤维/双马复合材料在260℃条件下进行了热氧老化，对两者的失重和弯曲性能测试结果进行对比，探究纤维取向对复合材料热氧老化过程的影响。结果表明，与 $[0_{16}]$ 样品相比，$[90_{16}]$ 样品的失重速率和弯曲强度下降速率明显更高，说明纤维取向对复合材料热稳定性有明显的影响。Mlyniec等通过研究单向层合碳纤维/环氧复合材料经过长时间的热氧老化后的动态力学性能发现，老化后材料的阻尼在横向呈减小趋势，在纵向呈增大趋势，说明复合材料的阻尼性质与层合材料的叠层顺序密切相关。Schoeppner等将G30-500/PMR-15单向复合材料在288℃进行长时间高温热氧老化后，进行了轴向和横向单向复合材料氧化速率的测量，证实了轴向复合氧化速率比横向复合氧化速率大一个数量级。以上研究都说明了增强纤维的取向对树脂基复合材料的热氧老化性能存在影响。此外，在复合材料中，当纤维平行于试样表面时扮演着保护树脂的角色，当纤维垂直于试样表面时，会让裂纹沿着纤维深入材料内部，使得更多树脂和纤维表面暴露，加快树脂基复合材料的氧化降解。因此，在设计树脂基复合材料时尽量减少纤维末端暴露在空气中的面积，避免将纤维末端暴露于迎着空气的方向，如机翼的前缘应该避免有垂直于这个方向的纤维。

2.3.3.4　增强体结构的影响

层合复合材料因其制备工艺简单，生产成本低等优点，成为产业中的主要使用对象。然而层合复合材料有一个致命的缺点是层间性能差，在外力作用下容易诱发分层破坏，在受到热氧作用后其界面性能下降，分层破坏更为严重（图2-21），这会大大降低复合材料的使用寿命。而三维增强体结构在厚度方向有纤维穿过，整体呈现一个空间交差的网状结构，可以显著提高相应复合材料的层间性能，在纤维/基体界面性能下降的情况下也不会像层合复合材料那样发生分层破坏，所以能够有效地抵抗热氧老化引起的树脂和纤维/基体界面性能退化带来的不利影响。正因如此，目前一些航空航天的关键结构件开始采用立体织物增强的复合材料。

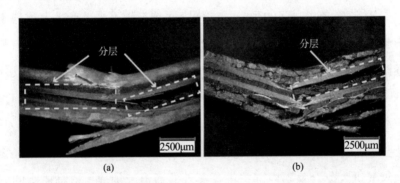

图2-21　层合复合材料在250℃老化前后沿长度方向的破坏形貌图

2.4　整体增强体结构提高复合材料热氧环境下的耐久性

如前文所述，树脂基复合材料的增强体结构类型众多，不同增强体结构类型的复合材料在常规环境和极端环境下的性能特点各不相同。以下笔者将从本人已做的实验研究来分析不同增强体结构（三维编织、三向正交、层合正交等）对树脂基复合材料在极端条件下耐久性能的影响。

2.4.1 热氧环境下复合材料的结构变化

在探讨增强体结构对复合材料耐久性的影响前，应首先了解不同增强结构的复合材料在极端条件下的结构变化。因此，笔者分别对三维编织、层合正交以及面内准各向同性结构增强的树脂基复合材料的结构进行了不同角度的观测，分析了在极端条件下材料的结构变化。

图2-22为面内准各向同性编织增强的双马树脂复合材料在250℃的条件下老化不同时间（10天、30天、90天、120天、180天）的表面的光学显微图像和相应的实时深度合成图像。可以发现，未老化的试样表面［（图2-22（a）］相对光滑，对应的实时深度合成图像［图2-22（b）］可以更清楚地验证这一结果。经过250℃高温热氧老化后，试样表面开始变得凹凸不平［图2-22（c）~（1）］。且随着老化时间的延长，试样表面越来越不平。产生上述现象的原因可归于热氧老化导致了双马树脂分解脱水，分子链断裂，然后树脂开始收缩并逐渐分解。此外，所采用的碳纤维和E型玻璃纤维的热膨胀系数分别为$-0.38 \times 10^{-6}℃^{-1}$和$2.59 \times 10^{-6}℃^{-1}$，而双马树脂的热膨胀系数为$44 \times 10^{-6}℃^{-1}$，由于碳纤维、E型玻璃纤维和双马树脂三者的热膨胀系数的不匹配，纤维/基体的界面处会产生局部热应力，容易造成裂纹的产生。另外，老化后的样品表面的裂纹为氧气进入复合材料内部提供了额外的通道，加速了双马树脂的氧化降解。因此，在热氧老化过程中，由于热氧老化导致试样中大量双马树脂逐渐被氧化分解，老化的样品表面变得越来越粗糙，并出现了大量的裂纹。

此外，笔者还对热氧老化前后材料内部纤维与树脂的结合状态进行了扫描电镜观测，如图2-23所示。可以看到大量的双马树脂覆盖在未老化试样的纤维表面，说明纤维/基体间有良好的结合力。暴露在250℃高温环境中后，随着老化时间的延长，附着在纤维上的树脂量逐渐减少。样品在250℃老化120天后和180天后，纤维排列变得松散，表面逐渐光滑，双马树脂基体材料变少，这说明界面被严重破坏，双马树脂基体与纤维之间的弱界面附近出现明显的裂纹。

图2-24为老化前后层合复合材料横截面的显微照片。图中颜色较亮的为

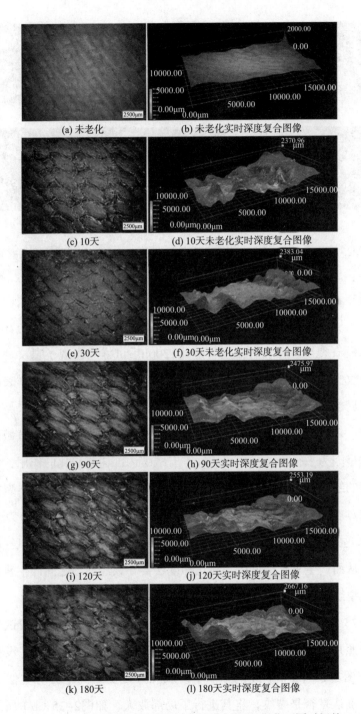

(a) 未老化　　　　　　(b) 未老化实时深度复合图像

(c) 10天　　　　　　(d) 10天未老化实时深度复合图像

(e) 30天　　　　　　(f) 30天未老化实时深度复合图像

(g) 90天　　　　　　(h) 90天实时深度复合图像

(i) 120天　　　　　　(j) 120天实时深度复合图像

(k) 180天　　　　　　(l) 180天实时深度复合图像

图2-22　面内准各向同性编织复合材料在250℃老化不同时间的
表面显微照片和实时深度复合图像

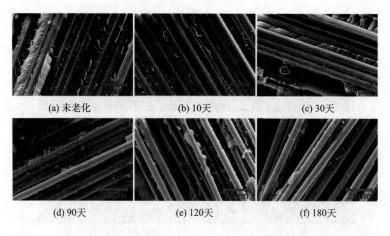

(a) 未老化   (b) 10天   (c) 30天

(d) 90天   (e) 120天   (f) 180天

图2-23　面内准各向同性编织复合材料在250℃老化不同时间扫描电镜图

平行于试样表面的纤维束（经纱），而颜色较暗的为垂直于试样表面的纤维束（纬纱）。从图2-24中可以看到未老化的层合复合材料表面纤维与基体结合情况良好，没有裂纹，而在各温度下老化1200h后试样均出现了裂纹。为了清楚地看到裂纹出现的位置和裂纹损坏程度随温度的变化，笔者将试样表面典型的裂纹进行局部放大，从中可以看到，裂纹随着温度的升高开口越来越大。裂纹主要出现在垂直于纤维末端的表面区域，而在平行于纤维表面的区域没有看到裂纹。这是因为平行于试样表面的纤维有减缓内部树脂氧化的作用，而垂直于试样表面的纤维具有加速内部树脂氧化的作用。此外，可以看出，裂纹容易出现在经纬纱交接的地方，而且随着老化温度的升高，有分层的趋势［图2-24（j）］。这是因为平纹叠层织物经纱与纬纱纤维方向不同造成了氧气的各向异性扩散，从而产生氧化梯度层。氧化梯度层会导致经纬纱之间产生残余应力，进而产生裂纹。

　　图2-25（a）为三维编织复合材料在140℃下老化1200h后沿着试样长度方向的显微照片。从图2-25（a）中可以看到纤维和基体结合良好，没有出现裂纹。其中图2-25（a）中红色方框中纱线和纱线交织的地方有类似裂纹的形状，为了确认是否是裂纹，将其进行了局部放大，如图2-25（b）所示。从图2-25（b）可以看到，黑色部分是因为树脂氧化变黑所致，并非裂纹。三维编

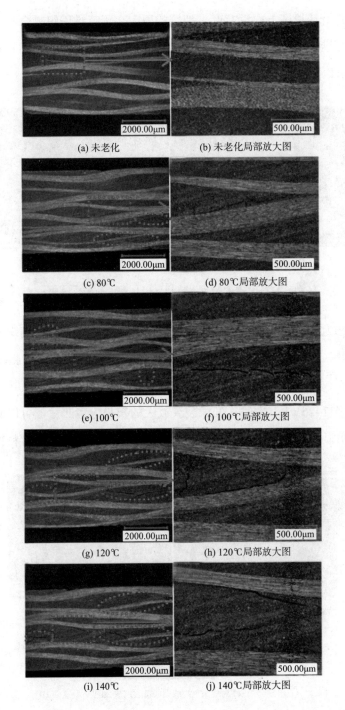

(a) 未老化　　　　　　　　　(b) 未老化局部放大图

(c) 80℃　　　　　　　　　(d) 80℃局部放大图

(e) 100℃　　　　　　　　(f) 100℃局部放大图

(g) 120℃　　　　　　　　(h) 120℃局部放大图

(i) 140℃　　　　　　　　(j) 140℃局部放大图

图2-24　老化前和在不同温度下老化1200h后的层合复合材料的显微照片

织复合材料沿其长度方向没有产生裂纹的原因在于三维编织复合材料沿着长度方向没有纤维末端外露，所有的纤维都是平行于试样表面的，而平行于试样表面的纤维可以阻碍氧气向内部扩散，减缓了内部树脂的氧化。

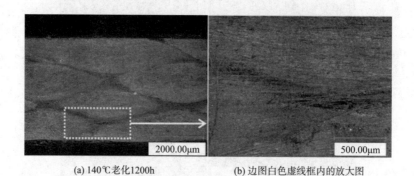

(a) 140℃老化1200h   (b) 边图白色虚线框内的放大图

图2-25　三维编织复合材料试样长度方向的显微照片

图2-26为未老化（a）和在140℃老化1200h（b）后的三维编织试样横截面的显微照片。从图2-26中可以看到未老化的试样表面纤维和树脂结合情况良好，没有裂纹，而在140℃老化1200h的试样表面出现了大量的裂纹。图2-26（c）是将图2-26（b）中的一处微裂纹放大的扫描电镜照片，可以看到纤维和基体出现明显的脱黏。界面的微裂纹会为氧气进入树脂基复合材料提供通道，

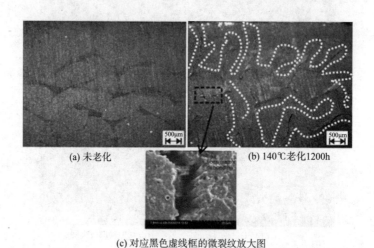

(a) 未老化   (b) 140℃老化1200h

(c) 对应黑色虚线框的微裂纹放大图

图2-26　老化前后的三维编织试样横截面的显微照片

增大氧气和树脂的接触面积，加快试样的氧化失重。

2.4.2　热氧环境下复合材料振动性能的变化

纤维增强树脂基复合材料作为结构件在航空航天领域应用过程中常常会遭受外部冲击，如遇冰雹、小鸟撞击等，因此振动性能对材料的安全使用非常重要。然而，当纤维增强树脂基复合材料作为结构件在热氧环境下长期使用时，会使其发生热氧老化而导致材料的振动性能发生变化。因此，明确热氧老化对纤维增强树脂基复合材料振动性能的影响对其使用寿命具有重大意义。

笔者基于研究Vib'SYS振动分析软件的WS-CJ02锤击测振系统模块获得的频响函数曲线，采用半功率带宽法可获得三维编织复合材料和层合复合材料在140℃老化前后的一阶固有频率（First nature frequency，FNF）和一阶阻尼系数（Firstdamping coefficient，FDC）等固有属性，结果如表2-3所示。

表2-3　层合复合材料和三维编织复合材料在140℃老化前后的一阶固有频率和一阶阻尼系数

试样	老化时间/h	一阶固有频率/Hz					一阶阻尼系数/%				
		1#	2#	3#	均值	标准差	1#	2#	3#	均值	标准差
层合试样	0	68.24	70.41	69.48	69.38	1.09	2.32	2.47	2.59	2.46	0.13
	168	67.82	65.54	69.94	67.77	1.80	2.61	2.77	2.82	2.73	0.11
	360	65.29	68.42	66.14	66.62	1.62	2.89	3.01	2.82	2.91	0.10
	720	63.79	65.94	66.98	65.57	1.63	2.89	3.12	2.98	3.00	0.12
	1200	65.29	64.58	63.11	64.32	1.11	3.25	3.16	3.08	3.16	0.09
编织试样	0	92.67	94.93	94.35	93.98	1.17	1.92	1.98	2.05	1.98	0.07
	168	93.48	92.19	91.14	92.27	1.17	2.19	2.23	2.07	2.16	0.08
	360	92.39	91.16	89.77	91.11	1.31	2.22	2.33	2.17	2.24	0.08
	720	91.87	90.43	88.97	90.42	1.45	2.45	2.24	2.34	2.34	0.11
	1200	90.98	89.81	88.64	89.81	1.17	2.59	2.43	2.49	2.50	0.08

在这个模型中，悬臂梁的FNF可以用下式表示：

$$FNF = \frac{1}{2\pi} \left(\frac{1.875}{L} \right)^2 \sqrt{\frac{EI}{\rho A}} \tag{2-1}$$

式中：L为梁的自由端长度；E为梁的杨氏模量；ρ为密度；A为横截面积；I为截面惯性矩。

因为本文中梁的横截面为矩形，因此$I = \frac{bh^3}{12}$，$A = bh$，其中b和h为梁的横截面的宽度和厚度。在梁的横截面积为矩形的情况下，式（2-1）可以写为：

$$FDC = \frac{h}{4\sqrt{3}\pi} \left(\frac{1.875}{L} \right)^2 \sqrt{\frac{E}{\rho}} \tag{2-2}$$

由于制备的三维编织复合材料和层合复合材料试样拥有相同的纤维体积含量和试样尺寸，所以可以认为两者的密度ρ是相等的。此时式（2-2）可以写成：

$$FDC\alpha\sqrt{E} \tag{2-3}$$

对于未老化的试样，理论上的E可以使用三维编织复合材料和层合复合材料微观力学方法计算。通过计算得到E_B=36.8GPa，E_L=21.2GPa。$\sqrt{\frac{E_B}{E_L}}$=1.32约定等于$\frac{FNF_B}{FNF_L} = \frac{93.98}{69.37}$。其中，下标B代表三维编织复合材料，L代表层合复合材料。

为了比较热氧老化对两种不同增强体结构复合材料的FNF的影响，笔者采用性能保留率来处理表2-3的FNF数据，结果如图2-27所示。可以看到两种复合材料的FNF都随老化时间的延长而下降，从式（2-4）可以看到，能够使材料FNF减少的原因有两个：E减小和ρ增大。由材料失重分析可知，热氧老化会导致材料失重，致使其ρ减小。因此材料的FNF减小只能归因于E的下降，而热氧老化导致的复合材料基体树脂和纤维/基体界面退化是造成其E下降的主要原因。此外，从图2-27可以看到在相同的老化条件下，层合复合材料FNF的下降程度大于三维编织复合材料。这是因为在相同的老化条件下层合复合材料的界面氧化失重大于三维编织复合材料，造成层合复合材料E的下降大于三维编织

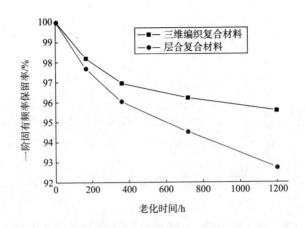

图2-27　层合复合材料和三维编织复合材料在140℃老化条件下
一阶固有频率保留率随老化时间的变化关系

复合材料。

通过计算得到，未老化的层合复合材料的FDC为2.46%，它是三维编织复合材料FDC（1.98%）的1.24倍。解释复合材料的阻尼机理主要有四个：组分材料的黏弹性响应；纤维/基体界面的摩擦和滑动；由热循环产生的热弹性阻尼；裂纹处的能量耗散。因为未老化的试样不存在裂纹，所以复合材料的阻尼由以下变量来决定：基体和增强体的相对比例和性能；夹杂物的尺寸；增强体相对于载荷的方向；增强体表面改性和孔隙率。因为三维编织复合材料和层合材料具有相同的组分和纤维体积含量，所以它们FDC的不同只能归因于增强体结构的不同。对于层合复合材料，只有50%的纤维是沿着试样的轴向的，而三维编织复合材料中全部纤维都沿着试样的轴向，只是纤维在通向轴向的过程中发生一定角度的偏离（偏离角度为编织角），这就造成了三维编织复合材料的 E 大于层合复合材料的 E。材料的弹性变强，黏性就会相对减弱，因此三维编织复合材料的FDC小于层合复合材料是由于其沿着载荷方向纤维较多造成的，也即弹性更强造成的。为了比较热氧老化对两种不同增强体结构的复合材料FDC的影响，同样采用计算性能保留率的方法来处理表2-3中FDC的数据，结果如图2-28所示。

从图2-28中可以看到，两种复合材料的FDC都随老化时间的延长而上升，

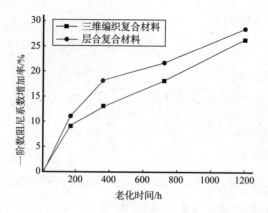

图2-28　层合复合材料和三维编织复合材料在140℃老化条件下
一阶阻尼系数增加率随老化时间的变化关系

然而在相同的老化条件下，层合复合材料FDC的上升量要大于三维编织复合材料FDC的上升量。这是由于热氧老化导致复合材料界面黏结性能下降，并且会产生很多微裂纹，因此能量在传输过程中会在界面和微裂纹处耗散，导致其FDC增加。而层合复合材料微裂纹数量要比三维编织复合材料多，界面性能退化也比三维编织复合材料严重，因此在相同的老化条件下层合复合材料FDC的增加率要大于三维编织复合材料FDC的增加率。

由此可见，不同增强体结构的复合材料在热氧老化振动性能的变化不同，热氧老化导致复合材料树脂基体氧化分解以及界面性能下降，会造成材料内部微裂纹的产生，从而影响材料的固有频率和阻尼系数，具体表现为，老化后产生的裂纹越多，其一阶固有频率（FNF）下降就越多，但一阶阻尼系数（FDC）上升反而越大。

2.4.3　热氧环境下复合材料电磁性能的变化

材料在受到电磁波入射时，如果电磁波被材料吸收或透过材料，即说明材料具备隐身性能。材料的反射损耗的大小可以反映电磁波被反射的量，即反射损耗越小，电磁波被反射得越少。反射损耗用下式来表示：

$$RL(dB)=20\lg|S_{11}| \tag{2-4}$$

式中：S_{11}可以通过波导管测量系统测得，其测试原理如图2-29所示。图

2-30为三维编织碳/玻璃纤维混杂复合材料在250℃分别老化0天、10天、30天、90天、120天、180天后的反射损耗曲线。如图2-30所示，复合材料的反射损耗值随老化时间的延长逐渐变小，这说明越来越多的电磁波被材料吸收或透射过去，就意味着热氧老化对树脂基复合材料的隐身性能产生了积

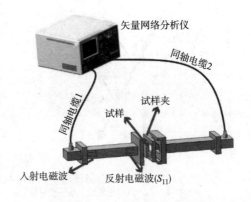

图2-29　波导管测量系统原理图

极影响。这是因为树脂基复合材料经过热氧老化后，电磁波的传输路径发生了改变，如图2-31所示。树脂基复合材料在热氧环境下，大量树脂基体会氧化分解，越来越多的裂纹和孔洞出现在复合材料表面及内部，且复合材料表面也会变得凹凸不平。表面不平使得入射的电磁波在材料表面发生漫反射，此外老化后的树脂基复合材料中的裂纹和孔洞为电磁波进入复合材料内部提供了通道。因此，大量的电磁波被老化后的试样吸收或透射过去。即热氧老化对树脂基复合材料的隐身性能产生了积极影响。

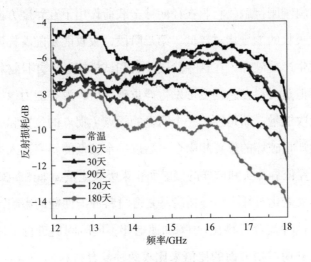

图2-30　三维编织碳/玻璃纤维混杂复合材料在250℃条件下
老化不同时间的反射损耗曲线

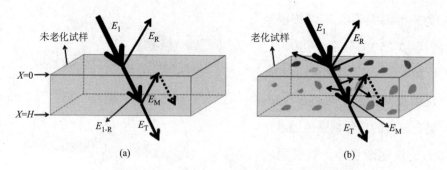

图2-31 电磁波与雷达吸收材料相互作用的示意图
H—厚度 E_1—入射电磁波 E_R—反射波 E_{1-R}—透射波 E_T—E_{1-R}的一部分电磁波
从雷达吸收材料透射过去 E_M—E_{1-R}的一部分电磁波被反射

2.4.4 三维编织结构增强树脂基复合材料极端环境下的抗冲击性

纤维增强树脂基复合材料作为承力构件在使用过程中容易受到低速冲击，比如冰雹的冲击，而冲击性能容易受到复合材料界面性能的影响。不幸的是，极端环境下（热氧老化）会导致复合材料界面性能的恶化，这将为结构件的后续使用埋下严重的安全隐患。因此，有必要探讨纤维增强树脂基复合材料在极端环境下的抗冲击性能。

冲击作用时，冲击能量被复合材料吸收的过程可以分成三个阶段。第一阶段是冲头和材料刚刚接触，材料在径向冲击载荷作用下在厚度方向变形很小，这一阶段试样吸收的能量相对较低。第二阶段，吸收能量随着挠度的增加迅速增大，直到发生严重破坏。在这一阶段冲头和试样接触，并且材料用快速变形来吸收能量。但是材料在急剧变形发生严重破坏后，没有能力像第二阶段一样再次快速地吸收能量，而是经过一个明显的拐点（拐点的位置和载荷—挠度曲线上试样发生严重破坏的位置相吻合）后以一个较低的斜率进入第三阶段，这一阶段材料主要依靠冲头和试样的接触面积来吸收能量，如图2-32所示。

为明确热氧老化对纤维增强树脂基复合材料冲击性能的影响，笔者选取三维编织和层合两种复合材料在140℃加速老化不同时间后进行了冲击实验，并采用最大冲击载荷与横截面的比值来比较两种复合材料的冲击载荷（F_{max}），通过计算冲击强度的保留率来直观表述老化对材料冲击性能的影响，结果分别

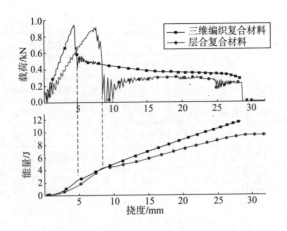

图2-32　三维编织试样和层合试样的

示于表2-4和图2-33中。可以看到两种复合材料F_{max}和冲击强度保留率随着老化时间的延长而下降。老化1200h后，层合复合材料和三维编织复合材料的F_{max}分别为75.7%和83.8%。相应的冲击强度保留率分别为85.9%和90.8%。冲击性能的下降归因于热氧老化导致的基体和纤维/基体界面性能的退化。由于基体的退化，试样在冲击位置抵抗破坏的能力就会下降，同样因为界面结合能力变差，载荷就不能从基体有效地传递到纤维。尽管热氧老化都会导致两种复合材料冲击性能的下降，但是两者下降程度并不相同。在140℃下老化1200h后，三维编织试样的F_{max}和冲击强度保留率分别比层合试样大8%和5%。这是由于两种复合材料的增强体结构不同造成的。

表2-4　层合试样和三维编织试样在140℃下加速老化不同时间后测得的单位面积的最大载荷和冲击强度值

试样	老化时间/h	单位面积的最大载荷/（MN·m⁻²）					冲击强度/（kJ·m⁻²）				
		1#	2#	3#	平均值	标准差	1#	2#	3#	平均值	标准差
层合试样	0	14.7	15.1	14.4	14.7	0.3	103.7	106.0	104.8	104.8	1.1
	168	14.1	14.3	13.8	14.1	0.3	97.4	97.9	98.8	98.0	0.7
	360	13.1	12.9	13.5	13.1	0.3	96.3	98.2	97.1	97.2	1.0
	720	12.4	11.9	12.0	12.1	0.3	91.8	92.7	92.1	92.2	0.4
	1200	10.9	11.1	11.5	11.2	0.3	91.1	90.0	89.2	90.1	1.0

续表

试样	老化时间/h	单位面积的最大载荷/（MN·m⁻²）					冲击强度/（kJ·m⁻²）				
		1#	2#	3#	平均值	标准差	1#	2#	3#	平均值	标准差
编织试样	0	16.6	15.9	16.4	16.3	0.3	161.4	163.0	159.8	161.4	1.6
	168	15.1	16.1	16.0	15.7	0.6	158.9	157.5	157.8	158.1	0.7
	360	15.5	15.2	14.7	15.1	0.4	153.4	154.9	152.0	153.4	1.5
	720	14.7	14.5	14.1	14.4	0.3	149.0	149.2	147.3	148.5	1.0
	1200	14.2	13.0	13.8	13.7	0.6	146.0	145.9	147.7	146.5	1.0

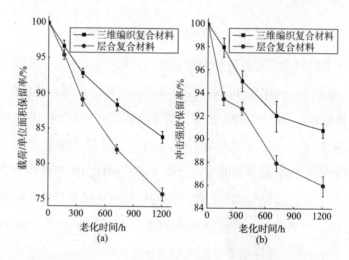

图2-33　层合试样和三维编织试样在140℃老化后单位面积的
最大载荷保留率与和冲击强度保留率与老化时间的关系

　　此外，笔者还对老化前和在140℃老化1200h后的层合试样和三维编织试样冲击后的侧面进行了显微镜观测，如图2-34所示。对比发现，老化前后层合试样在受到冲击之后都发生了分层破坏，而且老化后的层合试样分层更加严重。这是由于热氧老化导致纤维/基体界面结合能力下降造成的。从图2-34（b）可以看到老化前的三维编织试样在受到冲击载荷后只会在编织纱线之间形成裂纹，并伴有少量纤维断裂。在140℃下老化1200h后，由于界面性能下降，裂纹相对于未老化的试样变宽，但是没有像层合试样那样发生分层破坏。因为层合复合材料试样在层与层之间由于各向异性的氧化行为容易在层间产生微裂纹。

当试样受到冲击载荷作用时，冲击应力波在沿厚度方向传播过程中会产生剪切应力，在剪切应力作用下这些微裂纹容易沿层间传播，最终导致分层破坏。这种现象在试样受到热氧老化导致纤维基体结合能下降的情况下会变得更加严重。而与之相反的是，三维编织试样是一个三维交叉的整体网状结构，在厚度方向上有纤维的存在，冲击载荷导致编织纱线之间产生的裂纹会被临近的编织纱线阻碍，所以尽管在热氧老化导致纤维基体结合能严重下降的情况下也不会发生分层破坏。因此，三维编织复合材料这种整体结构在热氧老化导致纤维基体结合能下降的情况下，所有纱线也可以抱合在一起共同抵抗冲击载荷的作用，有效地提高了纤维增强树脂基复合材料热氧老化后的抗冲击性能。

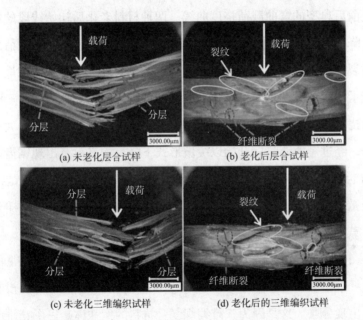

图2-34　未老化和在140℃老化1200h的层合试样和三维编织试样冲击后的侧面显微照片

因此，对于纤维增强树脂基复合材料而言，老化后材料能承受的冲击载荷明显下降，造成这种现象的原因是老化导致树脂基体的氧化分解以及纤维/基体界面结合能力的下降。但三维编织复合材料这种整体结构在热氧老化导致纤维基体结合能下降的情况下，所有纱线依旧可以抱合在一起共同抵抗冲击载荷的作用，可有效地提高纤维增强树脂基复合材料热氧老化后的抗冲击性能。

2.4.5　三维整体结构增强树脂基复合材料热氧环境下的弯曲性能

复合材料在受到弯曲载荷作用时，会形成一个上表面受压，下表面受拉的受力模式。对于传统的层合复合材料而言，层与层之间仅靠基体的黏附力将其黏结在一起，因此会出现典型的分层破坏现象。由于热氧老化之后树脂基体的氧化降解和树脂/纤维界面的严重退化，材料受弯曲载荷后分层破坏会更加明显。而三维编织、三向正交、三维面内准各向同性等整体结构的增强体无论是在常温环境下还是热氧老化后都能在一定程度上起到增强材料弯曲性能的作用。

如图2-35所示为三维四向编织碳/环氧复合材料和层合平纹碳布/环氧复合材料老化前后典型的弯曲载荷挠度曲线。两种材料老化后初始线段的斜率比老化前有所降低，但下降幅度不大。相比之下，老化后两者的断裂载荷出现显著下降，断裂挠度也在明显减少。除此之外，老化前后的层合试样在最大载荷前后都出现了锯齿形波动，而且老化后的试样锯齿形波动更加明显。三维编织试样的载荷挠度曲线在达到最大载荷前一直保持线性增加，在达到最大值后出现急剧下降，经过短暂调整后开始以缓坡形式下降，始终没有出现锯齿形波动。这是因为老化前后的层合试样都出现了分层破坏，而且老化后的试样分层破坏更加严重（图2-36）。老化后纤维/基体结合性能下降，层合试样分层更加严重，在载荷挠度曲线上表现出了更多、更大幅度的锯齿形波动。从图2-36（c）和（d）可以看出三维编织试样的裂纹多数出现在编织纱线交汇的区域，很少出现纤维断裂的现象。在140℃老化1200h后，三维编织试样也没有像层合材料那样出现分层。这是因为三维编织复合材料的增强体是一个三维整体网状结构，即使在界面性能下降甚至发生脱黏的情况下也可以有效阻碍裂纹的扩展，防止分层的发生。因为三维编织试样没有发生分层，所以载荷挠度曲线上没有出现锯齿形的波动。当载荷达到最大值后，试样在纱线与纱线交汇处出现破坏，编织纱线可能出现了一定的滑动，所以在达到最大载荷后出现了一个短暂的调整。而后编织纱线又紧紧抱合在一起，共同承担弯曲载荷，所以表现在曲线上就是一个缓坡式的下降。

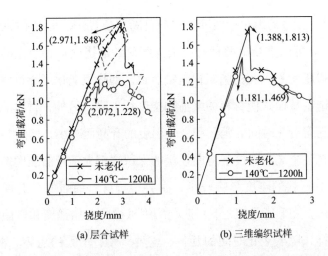

(a) 层合试样　　　　　　　　　　　(b) 三维编织试样

图2-35　层合试样和三维编织试样老化前和140℃老化1200h后的载荷挠度曲线

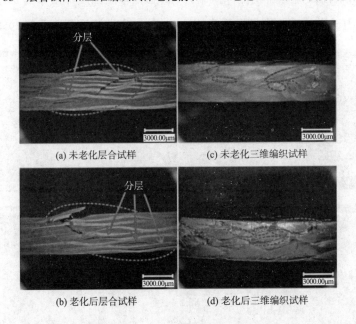

(a) 未老化层合试样　　　　　　　　(c) 未老化三维编织试样

(b) 老化后层合试样　　　　　　　　(d) 老化后三维编织试样

图2-36　未老化和在140℃老化1200h的层合试样和三维编织试样在弯曲测试后沿
着试样长度的方向的侧面的显微照片

　　图2-37为两种材料的试样老化前后受压面的显微照片。由于树脂在高温下被氧化产生的一种黑色物质O═（C_6H_4）═O，老化后树脂的颜色变成棕褐色且老化后层合试样的破坏区域增大。由于树脂氧化变脆，老化前三维编织试样的裂纹主要出现在编织纱线交汇的区域，编织纱线断裂的情况较少，而在140℃

老化1200h后，大量的编织纱线断裂，而且断裂位置比较集中［图2-37（c）和（d）］。由此可以推断出两种材料最大载荷处的挠度随着老化的进行而下降应该是由于树脂变脆以及树脂氧化断链所致，即热氧老化可导致材料树脂变脆以及氧化断链，从而致使材料的载荷和挠度均下降。另外，材料的弯曲强度和弯曲模量都随着老化时间的延长和老化温度的升高而减小，如图2-38和图2-39所示。但是在各个老化温度下弯曲模量的保留率都大于弯曲强度的保留率，说明热氧老化对材料的刚度影响较小，主要影响材料的强度。不管老化温度是在基体树脂的T_g之上还是T_g之下，三维编织试样的弯曲强度和弯曲模量都始终大于层合试样，随着老化时间的延长，这种差距有增大的趋势。在140℃老化1200h后，层合试样弯曲模量保留率为88.3%，弯曲强度保留率为74.7%。而此时三维编织试样的弯曲模量保留率高达91.5%，弯曲强度保留率为79.4%。

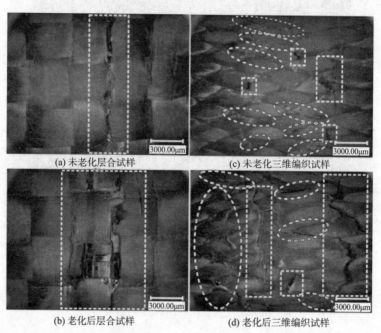

（a）未老化层合试样　　　　（c）未老化三维编织试样

（b）老化后层合试样　　　　（d）老化后三维编织试样

图2-37　未老化和在140℃老化1200h的层合试样和三维编织试样弯曲测试后受压面的显微照片
（白色方框内为纤维断裂的位置，椭圆内为纱线交汇处出现裂纹的位置）

实际上，两种复合材料的组分和纤维体积含量都一样，所以最终弯曲性能保留率的不同只能归因于增强体结构的差异。主要有以下两方面原因：首先，

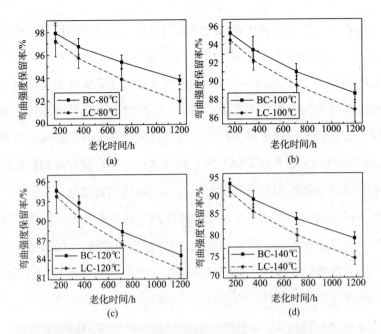

图2-38　三维编织试样和层合试样的弯曲强度保留率与老化时间和老化温度的关系
BC—三维编织试样　LC—层合试样

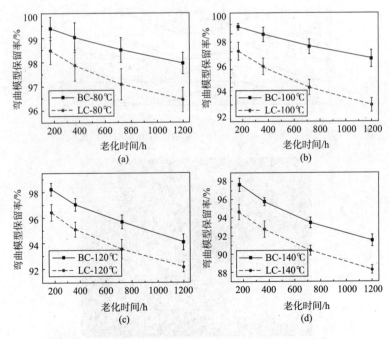

图2-39　三维编织试样和层合试样的弯曲模量保留率与老化时间和老化温度的关系
BC—三维编织试样　LC—层合试样

相同的表面积中层合试样有较多的纤维末端外露，加速了内部树脂的氧化，导致失重增加，微裂纹增多，界面性能破坏更加严重。其次，在层合复合材料的层与层之间只有树脂，如图2-40所示中虚线框区域，当试样遭受到弯曲载荷作用时，裂纹容易在层与层之间产生，因为层与层之间没有纤维连接，所以裂纹一旦形成就容易沿着层间扩展，最终导致层合试样发生分层破坏。因为热氧老化会导致纤维/基体界面性能下降，所以热氧老化后层合复合材料的分层破坏会更加严重。而在三维编织复合材料中所有编织纱线都紧紧抱合在一起形成三维交叉的整体网络结构，即使三维编织试样受到弯曲载荷作用后在编织纱线交叉的地方产生裂纹（图2-41），这些裂纹也会被相邻的编织纱线阻碍，所以经过热氧老化的三维编织试样在纤维/基体界面结合力下降的情况下，也不会像层合复合材料那样发生分层破坏，而是所有纱线抱合在一起共同承担弯曲载荷。因此，与层合复合材料相比，三维编织复合材料这种整体结构能够起到补偿由热氧老化导致材料弯曲性能下降的作用。

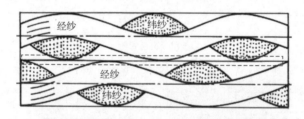

图2-40　层合平纹碳布/环氧复合材料侧面的理想化模型

图2-41　三维四向编织预制件内部结构的SEM照片

图2-42为三向正交复合材料和层合复合材料试样在200℃条件下老化前后的弯曲载荷—挠度曲线。经过热氧老化后，树脂基体不断降解和纤维/基体界面性能不断下降使得材料的弯曲断裂载荷不断降低。对比试样破坏截面图来看（图2-43），未老化的三向正交复合材料试样的失效模式主要是基体开裂，而层合复合材料发生了严重的分层破坏。老化之后的三向正交复合材料试样能明显看到基体裂纹和纤维松散。层合复合材料试样经过不同时间的老化后也都发生了分层破坏。这是由于三向正交复合材料中有Z向纱的存在，其贯穿在厚度

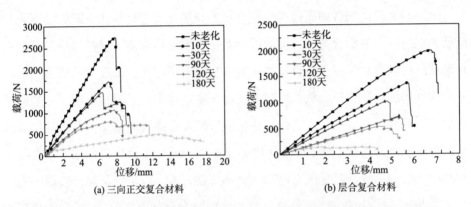

(a) 三向正交复合材料　　　　　　(b) 层合复合材料

图2-42　在200℃三向正交复合材料和层合复合材料老化前后的弯曲载荷—挠度曲线

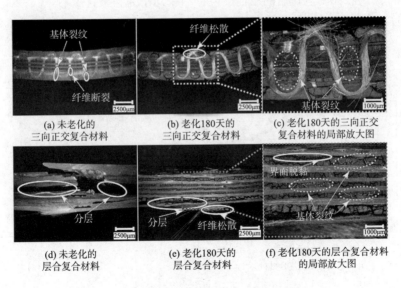

(a) 未老化的
三向正交复合材料

(b) 老化180天的
三向正交复合材料

(c) 老化180天的三向正交
复合材料的局部放大图

(d) 未老化的
层合复合材料

(e) 老化180天的
层合复合材料

(f) 老化180天的层合复合材料
的局部放大图

图2-43　200℃复合材料试样老化前后剪切破坏模式图

方向上，能有效阻碍裂纹在层间的扩展，并且提高了三向正交复合材料的整体性，在树脂基体降解和纤维/基体界面性能下降的情况下，仍能将所有纱线抱合在一起共同抵抗弯曲外力，有效抵抗分层破坏的产生。而层合复合材料是由纤维层和树脂基体构成，纤维层与层之间缺乏捆绑纱，在长时间热氧老化后，树脂基体大量分解，所以层合复合材料在遭受到外力时更易发生分层破坏。因此，与层合复合材料相比，三向正交复合材料中具有良好的结构整体性，能够有效弥补复合材料在热氧环境下弯曲性能的下降。

图2-44为面内准各向同性编织复合材料和层合复合材料在不同温度下老化前后典型的三点弯曲载荷—位移曲线。对比常温下层合复合材料和编织复合材料的曲线可以发现，层合复合材料在破坏初期表现出明显的线弹性行为，之后开始线性增加，达到最大载荷后开始急速下降，这是由于材料出现了分层破坏导致的。而编织复合材料的曲线在初始阶段随着位移线性增加，在达到最大载荷前呈缓慢爬升趋势，然后开始下降，这是因为编织复合材料存在沿厚度方向的Z向纱线，Z向纱将其他所有的纱线都捆绑在一起，以防止层间裂纹的扩展。此外，相比于老化前，层合复合材料和编织复合材料在老化180天后的载荷均急速下降，在250℃老化后的载荷—位移曲线几乎为一条直线。

图2-45为250℃老化前后两种材料的试样在弯曲试验破坏后沿长度方向的侧面显微照片。可以清楚地看到，层合复合材料无论是否老化都出现了分层破

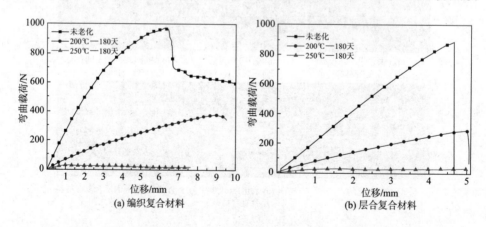

图2-44　弯曲试样在200℃和250℃老化不同时间前后的载荷—位移曲线

坏，且试样经热氧老化后，分层破坏也更为严重，而编织复合材料没有出现此现象。另外，因为老化导致纤维/基体结合性能下降，弯曲破坏后的试样表面出现了更多的裂纹，而编织复合材料的裂纹大多都出现在纱线交汇的区域，纤维很少断裂。且在250℃下老化180天后的编织复合材料也没有像层合复合材料那样出现分层现象，这是因为编织复合材料的增强体是由沿厚度方向的Z向纱线将所有纱线捆绑起来，因此即使老化导致界面性能下降进而产生裂纹，而Z向纱的存在可以有效阻碍裂纹的扩展，避免了编织复合材料发生分层现象。即三维面内准各向同性结构也能有效弥补复合材料在热氧环境下弯曲性能的下降。

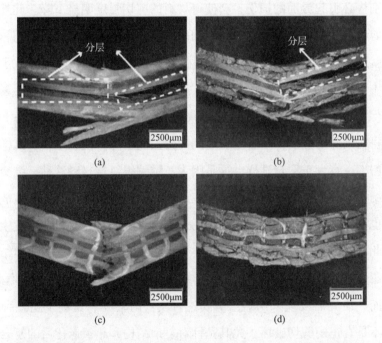

图2-45 弯曲试样在250℃条件下老化前后的沿长度方向的破坏形貌图

综上，热氧老化会对复合材料的弯曲性能造成巨大影响，相对于传统的层合增强结构的复合材料而言，三向正交、三维编织以及面内准各向同性等整体性好的增强结构能够起到补偿由热氧老化导致纤维增强树脂基复合材料弯曲性能下降的作用。

2.4.6 三维整体结构增强树脂基复合材料热氧环境下的剪切性能

纤维增强树脂基复合材料在受到弯曲载荷作用时，往往会伴随着剪切破坏，材料的抗剪切能力对其使用场所和条件有非常重要的影响。短梁剪切实验是表征复合材料层间性能最常用的方法之一，目前已有很多研究者采用短梁剪切的方法来探讨老化后复合材料的剪切性能。研究发现，对于碳纤维增强树脂基复合材料而言，在非常接近基体 T_g 的温度下进行老化时，物理老化作用，即基体的体积收缩不可忽略，但碳纤维几乎不发生物理老化，所以纤维与基体收缩的差别势必引起界面的损伤，会使得材料的剪切强度明显下降。此外，复合材料的剪切性能受老化温度和老化时间的共同作用，温度越高和时间越长，性能下降就越严重，且随着复合材料失重的增加而线性下降。笔者测试了层合试样和三维编织试样在140℃下加速老化不同时间后的剪切强度，并计算材料剪切强度保留率发现，由于热氧老化导致的基体树脂和纤维/基体界面下降，两种复合材料的剪切强度都随着老化时间的延长而下降，但三维编织试样的剪切强度保留率一直大于层合试样，这是因为三维编织复合材料这种三维交叉的整体网状结构有贯穿厚度方向的纤维存在，所以在热氧老化造成界面性能下降的情况下也可以有效抵抗剪切载荷的作用，不会像层合复合材料那样发生分层破坏。因此，与传统的层合复合材料相比，三维编织复合材料这种整体结构能够起到补偿由热氧老化导致纤维增强树脂基复合材料的剪切性能下降的作用。

然而，研究后发现采用短梁剪切进行实验时，材料常会发生多种破坏模式，并不是真正的剪切破坏，尤其是针对复杂结构和热氧老化后的复合材料，更难采用短梁剪切实验的方法来准确地评估其剪切性能。相反，双切口剪切测试可以使材料发生单一的分层破坏，且制样容易，测试装备简单（图2-46），比较适用于表征结构复杂和热氧老化后的复合材料剪切性能。

笔者采用双切口剪切实验研究了三向正交复合材料在200℃老化180天后的剪切性能。发现经过热氧老化后，材料能承受的剪切破坏载荷和剪切强度都在随着老化时间的延长不断下降，三向正交材料的剪切破坏模式由未老化的非脆

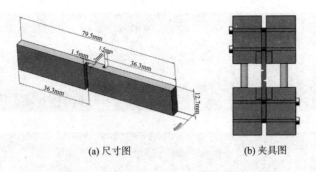

(a) 尺寸图   (b) 夹具图

图2-46 双切口剪切试样尺寸图与测试夹具图

性破坏转变成了老化后的脆性破坏。除此之外，与常温下复合材料Z向纱断裂发生分层破坏不同，老化后试样未发生明显的分层破坏，其破坏模式主要是纤维的断裂、基体开裂和界面脱黏，如图2-47所示。这是因为当未老化的试样受到剪切作用时，树脂基体能有效传递剪切应力给纤维，当剪切应力超过纤维所能承受的最大应力时，纤维会断裂，使得材料发生分层破坏。经过长时间热氧老化后，树脂基体发生了化学变化，在基体间产生了大量裂纹，但此时由于树脂降解程度严重，加之纤维/基体界面损伤严重，逐渐丧失了黏结纤维和传递应力的能力，三向正交复合材料试样中厚度方向上的Z向纱就可以将所有纱线捆绑为一个整体共同抵抗剪切应力，使得材料不易发生分层破坏。相比之下，老化前后的层合复合材料试样都发生的是分层破坏，如图2-48所示。这是因为层

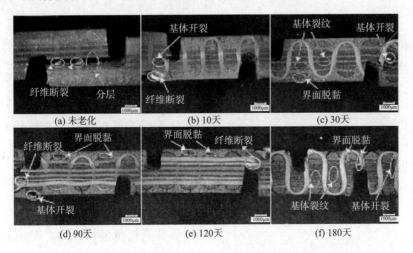

图2-47 200℃三向正交复合材料试样老化不同时间后剪切破坏模式图

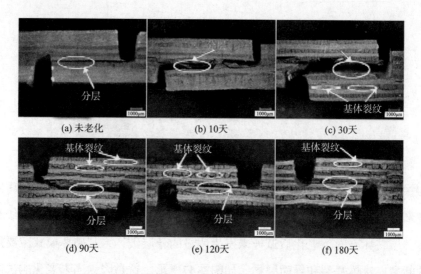

(a) 未老化　　　　　　(b) 10天　　　　　　(c) 30天

(d) 90天　　　　　　(e) 120天　　　　　　(f) 180天

图2-48　200℃层合复合材料试样老化不同老化时前后剪切破坏模式图

合复合材料是单向纤维带铺层得到的，材料的整体性差，在受到剪切外力时易发生分层破坏。尤其是经过长时间热氧老化后，树脂基体被大量分解，基体中产生的裂纹会沿着层间不断扩展，从而造成纤维/基体界面的损伤，直至脱黏，因此材料更易发生分层破坏。

以上结论可以从材料的剪切强度保留率更直观地看出，如图2-49所示。树脂基体的降解和纤维/基体界面脱黏的协同作用导致材料的剪切强度保留率随着老化时间的延长而不断下降，且温度越高两种复合材料的剪切强度保留率越小。与此同时，三向正交复合材料的剪切强度保留率始终高于层合复合材料。这是由于三向正交复合材料中在厚度方向上有Z向纱的存在，提高了材料的结构整体性，能将所有纱线捆绑为一个整体共同抵抗剪切外力。在热氧环境下，这种整体性能有效补偿由基体

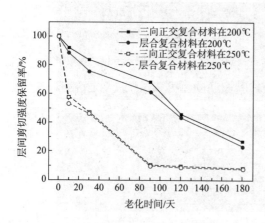

图2-49　三向正交和层合正交复合材料
在不同热氧条件下的剪切强度保留率

降解和界面性能下降造成的剪切强度不断下降的作用。这种现象说明三向正交复合材料在热氧环境下的稳定性较好。

此外，笔者还利用双切口剪切实验探讨了编织面内准各向同性和层合面内准各向同性复合材料在不同老化温度（200℃和250℃）下老化180天前后的剪切性能。发现两种复合材料未老化时的剪切载荷位移曲线在初始阶段表现出线弹性现象。在达到峰值后，层合复合材料的载荷急剧下降，而编织复合材料出现了明显的平台（图2-50）。这是因为当编织复合材料在达到最大破坏载荷之后，大部分应力区域都发生了剪切破坏，然而，还有一些Z向纱线并没有完全断裂，并继续承受随后的剪切应力。在整个老化周期内，编织复合材料的平均剪切强度始终都大于层合复合材料，这是因为编织复合材料是由沿厚度方向的Z向纱将所有纱线捆绑为一个整体结构，所以在热氧老化造成复合材料之间产生裂纹时，Z向纱的存在可以阻挡裂纹的扩展，可在一定程度上缓解老化导致复合材料剪切性能下降的力度。而且相对于在200℃下的老化来说，在250℃下老化的两种复合材料的层间剪切性能都下降得更为严重。这是由热氧老化导致大量基体树脂的氧化分解和纤维/基体界面性能的下降两方面原因造成的，即老化温度越高，树脂基体分解和界面破坏越严重，材料的剪切性能下降也就越严重。

综上所述，双切口剪切实验方法可较好地表征纤维增强树脂基复合材料老

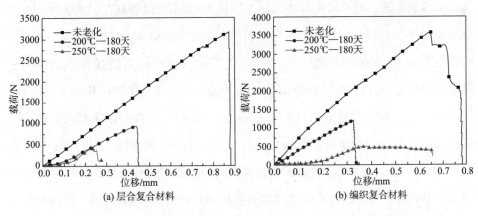

图2-50　双切口剪切试样在200℃和250℃老化180天前后的载荷—位移曲线图

化后的抗剪切能力，复合材料的层间剪切性能受老化温度和老化时间的双重影响，且三向正交和三维编织面内准各向同性等整体性好的增强结构能够起到补偿由热氧老化导致纤维增强树脂基复合材料剪切性能下降的作用。

2.4.7　三维整体结构增强树脂基复合材料热氧环境下的导热性能

在超音速飞机机翼的前沿，燃气涡轮发动机的进气或者排气区域，轻质量的热交换器，电子包装材料，液压泵附件，电磁干扰附件等都会遭受局部的热应力，这些热应力需要通过辐射和对流传递到相对寒冷的临近区域，这样可以在一定程度上减轻内部应力集中。由于传统的层合复合材料在厚度方向的热导率较低，这限制了它在航空航天上的应用。针对层合复合材料的上述弊端，目前有两种改善方法：一种传统的方法是在树脂中加入热导率高的填料来增加厚度方向上的热导率，但是这种增强热导率的方法的效果不显著；另一种代替方法是采用厚度方向有纤维的织物作为复合材料的增强体来提高复合材料厚度方向上的导热率，例如三维机织、三维编织复合材料等。有些树脂基复合材料在高温条件下长期使用，这就会导致树脂基复合材料发生热氧老化，热氧老化可能会影响树脂基复合材料的导热性能。

表2-5为在25℃用瞬态热线法测得的环氧树脂浇注体、层合复合材料和三维编织复合材料在140℃加速老化前后的导热系数（测量的是试样的垂直于热线方向的导热系数，称作径向导热系数）。从表2-5中可以看到在未老化时，浇注体、层合复合材料和三维编织复合材料的导热系数分别为0.1825W/（m·K），1.329W/（m·K）和0.9130W/（m·K）。层合复合材料和三维编织复合材料的导热系数分别是浇注体的7.3倍和5.0倍。这是因为T700碳纤维轴向热导率是100W/（m·K），径向导热系数为11W/（m·K），它的加入增强了材料的导热性能。三维编织复合材料和层合复合材料拥有相同的纤维体积含量，它们的导热系数应该相等。然而由图可以看到，层合复合材料的径向导热系数是三维编织复合材料的1.45倍。这是因为碳纤维的轴向热导率是径向热导率的9倍，使得碳纤维增强树脂基复合材料具有高度各项异性的导热行为。在层合试样中有50%碳纤维

的轴向是沿着试样的径向排列的，而在三维编织试样中没有这个方向排列的碳纤维，所以三维编织试样的径向热导率小于层合试样。

表2-5 环氧树脂浇注体、层合复合材料和三维编织复合材料在140℃加速老化前后的导热系数

材料	老化时间/h	导热系数/（W·m⁻¹·K⁻¹）						
		$1^{\#}$	$2^{\#}$	$3^{\#}$	$4^{\#}$	$5^{\#}$	均值	标准差
浇注体试样	0	0.1820	0.1821	0.1819	0.1837	0.1827	0.1825	0.00075
	168	0.1805	0.1804	0.1811	0.1808	0.1818	0.1809	0.00056
	360	0.1783	0.1783	0.1783	0.1759	0.1780	0.1778	0.00106
	720	0.1732	0.1740	0.1743	0.1750	0.1755	0.1744	0.00089
	1200	0.1683	0.1676	0.1696	0.1675	0.1696	0.1685	0.00103
层合试样	0	1.334	1.344	1.330	1.338	1.302	1.329	0.01627
	168	1.253	1.249	1.232	1.263	1.241	1.248	0.01178
	360	1.165	1.178	1.140	1.175	1.158	1.163	0.01522
	720	1.112	1.101	1.108	1.135	1.124	1.116	0.01351
	1200	1.056	1.065	1.061	1.036	1.091	1.062	0.01977
编织试样	0	0.9181	0.9233	0.8946	0.9167	0.9121	0.9130	0.01101
	168	0.8993	0.8731	0.8626	0.8870	0.8961	0.8836	0.01554
	360	0.8393	0.8512	0.8681	0.8613	0.8547	0.8549	0.01087
	720	0.8183	0.8193	0.8472	0.8264	0.8301	0.8283	0.01168
	1200	0.8151	0.8015	0.7805	0.8051	0.7806	0.7966	0.01545

图2-51为热氧老化后浇注体、层合复合材料和三维编织复合材料试样导热系数的保留率。从图2-51可以看到，三种材料的导热系数都随老化时间的延长而下降，但是下降的程度不同。在相同老化条件下，三种材料的导热系数保留率的大小关系为：环氧树脂浇注体＞三维编织复合材料＞层合复合材料。浇注体试样导热系数下降有两个原因：一是试样表面的碳元素相对含量降低（从XPS分析结果可知），导致试样导热性能下降；二是试样失重在试样内部形成一定的空隙，空隙会被空气填充，而空气在室温下的导热系数为0.02624（W/m·K），远低于环氧树脂和碳纤维的导热系数。层合复合材料和三维编织复合材料的导热

系数保留率低于浇注体，是因为碳纤维增强树脂基复合材料在热氧条件下纤维/基体界面会退化，相对于浇注体来说会产生更多的微裂纹，导致其导热系数降低更加严重。而层合复合材料的导热系数低于三维编织复合材料是因为层合复合材料在相同的热氧老化条件下失去更多的重量，产生了更多的微裂纹。简言之，热氧老化会导致树脂基复合材料的导热系数发生不同程度的下降，而具体下降程度则与树脂基复合材料因热氧老化产生的裂纹数目相关，裂纹越多，导热系数下降越严重，即材料导热性能越差。

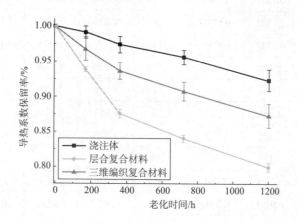

图2-51　环氧树脂浇注体、层合试样和三维编织试样在140℃老化条件下
导热系数保留率随老化时间的变化关系

2.5　界面改性提高复合材料热氧环境下的耐久性

除整体结构可增强复合材料在极端条件下的耐久性之外，界面改性也可以在一定程度上提高材料的耐久性，因为弱的界面会加速纤维增强树脂基复合材料的降解，而好的界面会提高纤维增强树脂基复合材料的稳定性。

界面相中引入纳米材料是改善纤维复合材料界面性能的主要方法之一。碳纳米管（Carbonnanotubes，CNTs）因其超高的比表面和优异的力学性能，被普遍认为是改性复合材料界面性能的优异纳米材料。Bekyarova等利用电泳沉积法在碳布表面吸附了CNTs，使其层间剪切强度提高了30%～40%。此外，二维碳纳米材料—石墨烯因优异的力学性能、超高的比表面以及表面丰富的含氧官能团，近年来已在纤维聚合物增韧方面显示出巨大的潜能，研究已经表明纤维增强树脂基复合材料的性能在添加了石墨烯后得到了显著提升，特别是纤维/基体界面性能和基体主导的平面外性能，如界面剪切强度，冲击强度以及耐疲劳性能。鉴于此，笔者对比研究了石墨烯界面改性前的BC和改性后的BGC（石墨烯复合材料）热氧老化后的力学性能和振动性能，明确了石墨烯界面改性对碳纤维增强树脂基复合材料热氧稳定性的影响，为提高碳纤维增强树脂基复合材料的热氧稳定性提供新的路径。此外，深入分析了石墨烯界面改性对碳纤维增强树脂基复合材料热氧稳定性的作用机理，这对于推动石墨烯改性碳纤维增强树脂基复合材料的应用也将具有重要的理论和现实意义。

2.5.1　石墨烯改性复合材料界面相结构的研究

为了证明石墨烯复合材料中多尺度界面层的存在，笔者对未添加石墨烯的三维四向编织碳/环氧复合材料和添加了1%（质量分数）石墨烯的三维四向编织碳/石墨烯/环氧复合材料的界面相结构进行了详细的研究。未吸附和吸附了石墨烯的碳纤维表面结构形态分别如图2-52（a）和图2-53（a）所示。原始的T700碳纤维，表面光滑［图2-52（a）］。当吸附石墨烯后，可以看到片层形状的石墨烯附着在碳纤维表面［图2-53（a）］，这可以被认为是一个新的多尺度结构的形成。图2-52（b）和图2-53（b）分别为两相（碳纤维/环氧树脂）的三维四向编织碳/环氧复合材料和三相（碳纤维/石墨烯/环氧树脂）的三维四向编织碳/石墨烯/环氧复合材料单胞的横截面示意图。界面区域的元素分布情况用FE—SEM中的线性扫描系统用来观测，得到的相应结果如图2-52（c）和（d）以及图2-53（c）和（d）所示。从图2-52（d）可以看到，碳元素含量从碳纤维到基体骤然下跌。然而这种下降趋势在添加了石墨烯后变得相对平缓，这说明由石墨烯增强碳纤维/环氧树脂界面相后，纳米复合材料界面层已经形成。此外，碳元素的含量从碳纤维到环氧树脂逐步减少，这表明在石墨烯复合材料界面层中石墨烯是呈梯度分布的，这一梯度界面层的厚度为0.98 μm

［图2-53（d）］。

为了进一步研究三维四向编织碳/石墨烯/环氧复合材料界面相的结构，采用AFM中力调制模式的测试方法，该模式是AFM中的重要组成部分，可以同时得到材料的表面形貌图和相对硬度图，用以观察和研究材料表面不同硬度和弹性区域的分布状况。力调制模式测试中采用接触模式扫描样品，并通过外加信号使样品产生振动。由于扫描过程中样品表面的不同硬度区域对悬臂共振的阻碍程度不同，悬臂的弯曲程度也就相应地发生变化。通过检测并记录悬臂弯曲程度的变化可以反映出样品表面相对硬度的分布情况。然而，由于仪器只有两个外部处理通道，所以只有电子交流信号的振幅和机械交流信号的振幅可以被记录下来。因此，相对硬度值可以间接由AFM中悬臂偏转产生的电压来表示。图2-52（e）和图2-53（e）分别为三维四向编织碳/环氧复合材料和三维四向编织碳/石墨烯/环氧复合材料横截面的硬度分布形貌图。碳纤维的相对硬度图像比周围的环氧树脂明亮，这说明碳纤维的硬度大于环氧树脂。此外，从图2-52

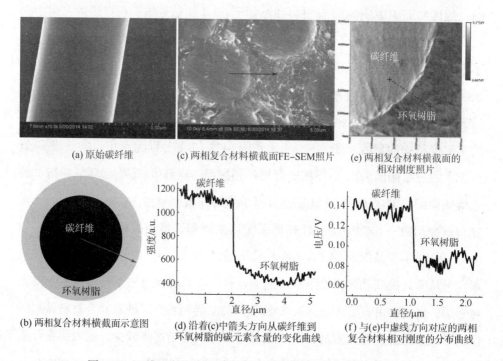

(a) 原始碳纤维　　(c) 两相复合材料横截面FE-SEM照片　　(e) 两相复合材料横截面的相对刚度照片

(b) 两相复合材料横截面示意图　　(d) 沿着(c)中箭头方向从碳纤维到环氧树脂的碳元素含量的变化曲线　　(f) 与(e)中虚线方向对应的两相复合材料相对刚度的分布曲线

图2-52　三维四向编织碳/环氧复合材料的界面相结构示意图

（e）中可以看到，碳纤维和周围树脂的硬度图像存在明显分隔。而在界面相中引入石墨烯后，碳纤维和环氧树脂的分界线比较模糊［图2-53（e）］，说明碳纤维到树脂的硬度分隔并不明显。图2-52（f）和图2-53（f）分别为与图2-52（e）和图2-53（e）中虚线相对应的相对硬度的分布曲线。从图2-52（f）可以看到，相对硬度从碳纤维到环氧树脂急剧下降。然而，当在碳纤维/环氧树脂间引入石墨烯后这种下降趋势变得缓和很多，这证明了三维四向编织碳/石墨烯/环氧复合材料中梯度界面层的存在。这一结果和FE—SEM中线扫描的结果一致。用AFM测得的界面层厚度为0.94μm［图2-53（f）］，这比图2-53（d）中测出的值略小一点，这可能是由于试样差异或者实验误差造成的。

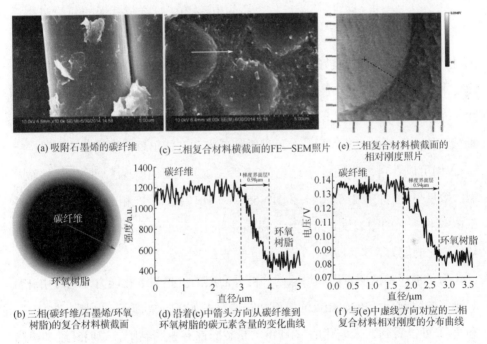

(a) 吸附石墨烯的碳纤维　(c) 三相复合材料横截面的FE—SEM照片　(e) 三相复合材料横截面的相对刚度照片

(b) 三相(碳纤维/石墨烯/环氧树脂)的复合材料横截面　(d) 沿着(c)中箭头方向从碳纤维到环氧树脂的碳元素含量的变化曲线　(f) 与(e)中虚线方向对应的三相复合材料相对刚度的分布曲线

图2-53　三维四向编织碳/石墨烯/环氧复合材料的界面相结构示意图

2.5.2　石墨烯改性复合材料的导热性能

图2-54为原始三维编织碳/环氧复合材料和三维编织碳/石墨烯/环氧复合材料的导热系数。从图2-54可以看到，在界面添加了1%（质量分数）超高热导

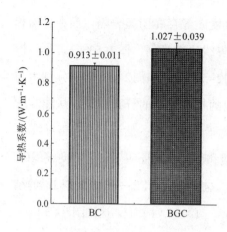

图2-54 三维四向编织碳/环氧复合材料和三维四向编织碳/石墨烯/环氧复合材料的导热系数

率［5000W/（m·K）］的石墨烯后的三维编织碳/石墨烯/环氧复合材料的导热系数为1.027W/（m·K），相比未添加石墨烯的三维编织碳/环氧复合材料的导热系数提高13%。

2.5.3 极端条件下石墨烯改性复合材料的结构变化

图2-55为未老化和在140℃老化1200h后的BC和BGC试样横截面的显微照片。

从图2-55（a）可以看出，未老化的BC表面纤维和树脂结合情况良好，没有裂纹。因为未老化的BGC试样表面结合情况和BC试样一样，所以图2-55中没有列出。从图2-55（b）中可以看到，在140℃老化1200h后，BC试样表面出现大量微裂纹。图2-55（d）是将图2-55（b）中的一处微裂纹放大的FE—SEM照片，可以看到纤维和基体出现明显脱黏。从图2-55（c）中可以看到，在140℃下老化1200h后，BGC表面也出现了微裂纹，然而微裂纹数量很少。将图2-55（e）和图2-55（d）比较发现，在相同的热氧老化条件下BC试样表面的微裂纹开口更加宽阔，说明石墨烯增强的多尺度界面具有抵抗热氧老化的能力。

为了进一步证明石墨烯增强的梯度界面层的抗热氧老化能力，笔者用SEM观测了老化前后的BGC和BC的界面结合情况，如图2-56所示。从图2-56（a）和（f）可以看到，未老化的BC和BGC断裂面都有树脂黏附，说明纤维和树脂黏结性能很好。然而BGC纤维与纤维之间树脂填充较满，而BC的纤维与纤维之间的空隙较多。这可能因为笔者用的石墨烯是由热还原氧化石墨制得，它们中可能含有剩余的羟基和含氧官能团，这些官能团能和环氧分子链形成共价键，进一步增强界面的黏结性能。在老化168h的BC试样［图2-56（b）］中，微裂纹沿着整个纤维/基体界面扩展；当老化360h后，树脂表面黏附的纤维减少，

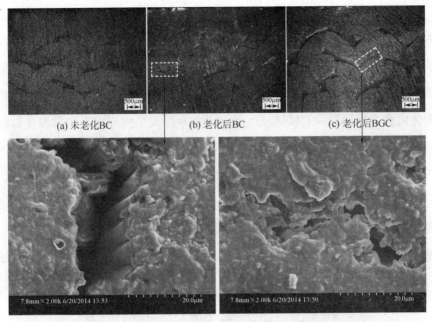

(a) 未老化BC　　　　　(b) 老化后BC　　　　　(c) 老化后BGC

(d) 将(b)中的微裂纹放大后的FE—SEM照片　　　(e) 将(c)中的微裂纹放大后的FE—SEM照片

图2-55　未老化和在140℃老化1200h后的BC和BGC横截面的显微照片

而且可以看到纤维拨出后留下的光滑凹槽［图2-56（c）］；随着老化时间的进一步增加，纤维与纤维之间的裂纹更加明显，而且纤维表面很少有树脂黏附［图2-56（d）和（e）］。

　　显著的界面退化也发生在BGC上。然而，与BC相比，添加了石墨烯的复合材料的界面损坏程度相对较弱。在老化720h后，BGC的断裂面上的纤维之间依然有树脂填充［图2-56（i）］。尽管纤维之间变得松散，但是纤维之间仍有大量树脂存在［图2-56（j）］。通过对BC和BGC的SEM照片对比发现，石墨烯增强的多尺度界面层能够提高界面的耐热氧老化能力。这有两方面的原因：首先，碳纤维/石墨烯/环氧界面黏结性能好于碳纤维/环氧界面的黏结性能，一个黏结性能好的界面可以有效地阻碍氧气向复合材料内部扩散，减缓内部纤维/基体界面的氧化。其次，T700碳纤维的轴向和径向热导率分别为环氧浇注体的555倍和61倍。因此，未在纤维/基体界面引入石墨烯的BC暴露在高温环境下时，纤维和基体之间由于导热系数的不匹配，会在纤维/基体界面产生局部热应力，从而诱发界面微裂纹的产生。而在界面引入石墨烯的BGC的导热系数比未引入石墨烯的BC提高13%。图2-53（d）已经证明，添加石墨烯后的界面碳元素从碳纤维到环氧树脂是稳步下降的，这间接地说明石墨烯增强的梯度界面层的热导率也是低于碳纤维而高于环氧基体的。这种梯度导热层可以有效地转移界面热应力，减轻界面的破坏。

2.5.4　石墨烯改性复合材料的玻璃化转变温度

T_g是聚合物的重要指标，因为聚合物的很多性能会在T_g附近发生转变。对于树脂基复合材料，T_g关系到复合材料结构的最高使用温度。图2-57为BGC和BC在140℃老化下T_g与老化时间的变化关系。从图2-57可以看到BGC的初始T_g

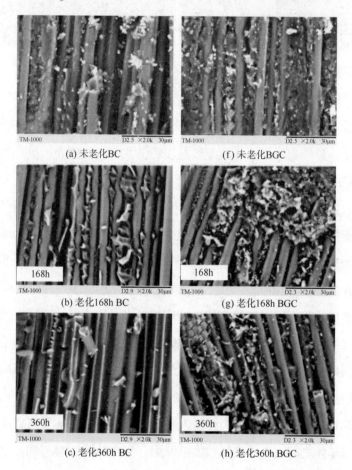

(a) 未老化BC　　　　　　　(f) 未老化BGC

(b) 老化168h BC　　　　　　(g) 老化168h BGC

(c) 老化360h BC　　　　　　(h) 老化360h BGC

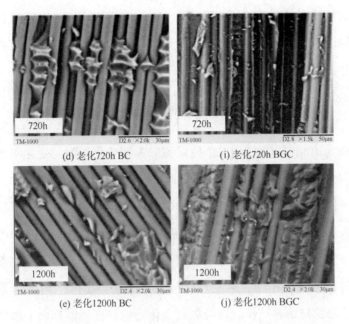

(d) 老化720h BC　　　　　(i) 老化720h BGC

(e) 老化1200h BC　　　　　(j) 老化1200h BGC

图2-56　未老化和在140℃老化不同时间的BC和BGC断裂面的SEM照片

为146.5℃，它比BC的初始值（141.9℃）高了约5℃。这可能因为吸附了石墨烯的碳纤维表面变得粗糙，它可以和树脂形成一种啮合结构，增加了界面摩擦，限制了复合材料界面不同相的运动。此外，两种复合材料的T_g都随老化时间的延长而下降，这是由树脂氧化断链造成的，这已经在第三章的红外分析中被证

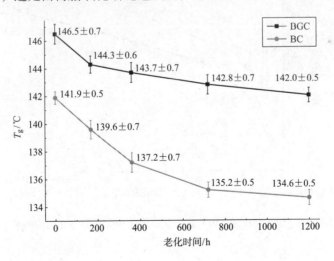

图2-57　BGC和BC在140℃老化下T_g与老化时间的变化关系

实。然而，两者的下降程度并不相同，在140℃下老化1200h后BC的T_g下降了7.3℃，而BGC只下降了4.5℃，这是因为石墨烯增强的梯度界面层有效地缓解BGC的界面氧化。

2.5.5 极端条件下石墨烯改性复合材料的失重

图2-58为BC和BGC在140℃单位面积失重随老化时间的变化曲线。从图中可以看到两种复合材料单位面积失重都随着老化时间的延长而增加。然而在相同的老化条件下BC单位面积失重约为BGC的1.26倍。两种复合材料拥有相同的纤维体积含量，所包含的树脂也基本相等，而且两种复合材料的$S_2/(S_1+S_2)$值都为3.8%（测量失重用的试样为两种材料的弯曲试样），因此，失重的差异只能归结于界面性能的不同。从复合材料表面的微裂纹和纤维/基体界面分析可知，BGC界面的初始黏结性能以及热氧老化后的界面性能都比未添加石墨烯的BC好，而好的界面性能可以阻碍氧气向复合材料内部扩散，从而减少界面的氧化失重。

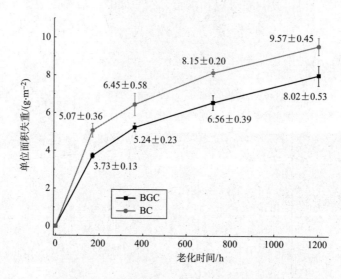

图2-58 BGC和BC在140℃老化下单位面积失重与老化时间的关系

2.5.6　热氧环境下石墨烯改性复合材料的剪切和弯曲强度变化

复合材料的弯曲强度和剪切强度对基体强度和纤维/基体界面结合强度比较敏感。石墨烯界面改性和未改性的复合材料的剪切强度和弯曲强度分别如图2-59（a）和（b）所示。添加了1%（质量分数）石墨烯的BGC的剪切强度从未添加前的59.86MPa增加到添加后的70.79MPa，增加了18%［图2-59（a）］。同样，弯曲强度从BC的724.01MPa增加到BGC的832.57MPa，提高了13%［图2-59（b）］。

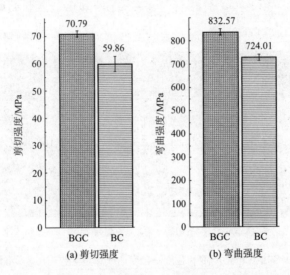

图2-59　未老化的三维四向编织碳/石墨烯/环氧复合材料和三维四向编织碳/环氧复合材料的剪切强度和弯曲强度

图2-60（a）与（c）为未老化的BC和BGC典型的剪切强度—挠度曲线。从图2-60（a）可以看到BC试样在受到剪切力作用下，达到最大强度值后有一个大的下跌，这是由BC试样在剪切力的作用下编织纱线间出现裂纹后重新调整位置造成的，如图2-60（b）所示。而BGC的剪切强度在达到最大值后并没有出现大的下降，而是随着挠度的增加，剪切强度缓慢减小，如图2-60（c）所示。从图2-60（d）可以看到，BGC的上表面由于受压力作用有小片材料翘起，而在整个厚度方向并没有发现裂纹。对比图2-60（a）和（c）发现，BGC的剪切强度在达到最大值前出现了一段弧形上升，这说明添加了石墨烯后的BGC的断裂韧性得到了增强。

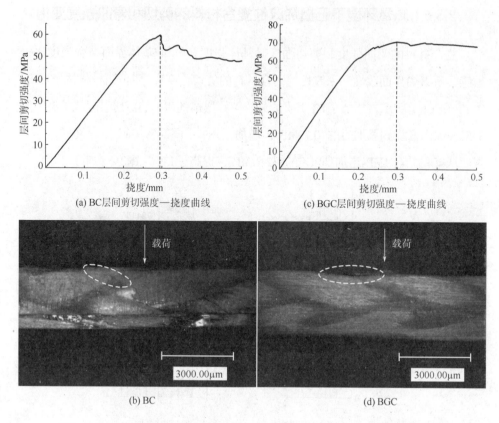

图2-60　BC和BGC的层间剪切强度—挠度曲线和短梁剪切后的侧面显微照片

为了观测石墨烯增强的梯度界面层对三维编织复合材料热氧稳定性的影响，笔者做了BC和BGC在140℃下老化不同时间后的层间剪切和弯曲试验。表2-6为BGC在140℃下老化不同时间后的层间剪切强度和弯曲强度的实验值。为了与未添加石墨烯的BC进行比较，对表2-6中的弯曲强度和剪切强度的数据进行了性能保留率计算，如图2-61所示。可以看到两种复合材料的层间剪切强度保留率和弯曲强度保留率都随着老化时间的增加而下降，这是由热氧老化导致的基体树脂和纤维/基体界面下降造成的。对比图2-61（a）和（b）发现，热氧老化对层间剪切强度的影响要大于对弯曲强度的影响，对于BC，在140℃下老化1200h的层间剪切强度保留率为70.29%，而弯曲强度保留率为79.45%。此外，相同的热氧老化条件下在纤维/基体界面间引入石墨烯的BGC的层间剪切强度保留率和弯曲强度保留率都大于未添加石墨烯的BC，这只能归结为石墨烯增强的梯度界面层有缓减界面氧化的作用。

表2-6　BGC在140℃下老化不同时间后的层间剪切强度和弯曲强度的实验值

老化时间/h	剪切强度/MPa					弯曲强度/MPa				
	1#	2#	3#	平均值	标准差	1#	2#	3#	平均值	标准差
0	70.74	72.16	69.48	70.79	1.34	843.54	834.47	819.72	832.57	12.02
168	68.52	67.59	66.15	67.42	1.19	789.50	795.86	807.26	797.54	9.00
360	64.15	65.31	63.06	64.17	1.13	759.86	763.76	769.13	764.25	4.66
720	58.31	61.46	60.04	59.94	1.58	735.50	715.77	724.68	725.31	9.88
1200	57.95	56.61	54.96	56.51	1.50	685.50	695.77	679.68	686.98	8.15

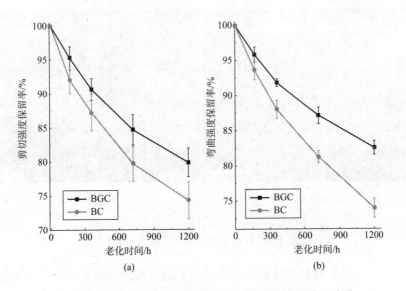

图2-61　BC和BGC在140℃老化的层间剪切强度保留率和弯曲强度保留率与老化时间的关系

图2-62为老化前后BC和BGC在弯曲试验后沿着试样长度方向的侧面显微照片。从图中可以看到，不管在老化前还是老化后，两种复合材料试样弯曲实验后在编织纱线交汇处都产生了裂纹。对比图2-62（b）和（d）发现，BC侧面出现的裂纹数量要明显多于BGC，而且裂纹开口也比BGC更加严重。这是由两方

面原因造成的：一是，从图2-62分析可知，热氧老化导致BC的界面氧化比BGC
严重；二是，石墨烯超高的比表面积（＞700m²/g），毫米级的尺寸，高纵横比
和二维几何形状可以使其有效地阻碍微裂纹在纤维/基体界面的传播。

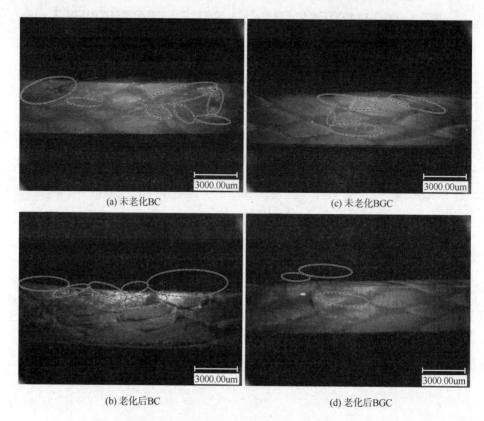

(a) 未老化BC　　　　　　　　　　(c) 未老化BGC

(b) 老化后BC　　　　　　　　　　(d) 老化后BGC

图2-62　老化前和在140℃老化1200h后的BC和BGC
在弯曲试验后沿着试样长度方向的侧面显微照片

综合以上对石墨烯增强界面层各种性能的分析，在热氧老化条件下石墨烯
增强复合材料界面的机理可归结如下：

（1）由热还原氧化石墨制得的石墨烯，它们中含有剩余的羟基和含氧官
能团会和环氧树脂形成共价键，增强界面黏结性能。而强的界面黏结性能可以
减缓氧气沿界面向复合材料内部扩散的速率，减弱界面氧化。

（2）石墨烯增强的梯度界面层的热导率低于碳纤维而高于环氧树脂，这
种梯度导热层可以有效地转移界面热应力，减弱界面的破坏。

（3）吸附了石墨烯的碳纤维表面变得粗糙，它可以增加界面摩擦，在热氧老化导致界面黏结性能下降的情况下，依然可以起到限制界面不同相运动的作用。

（4）石墨烯超高的比表面积（>700m²/g），毫米级的尺寸，高纵横比和二维几何形状可以使其有效地阻碍微裂纹在纤维/基体界面的传播。

2.5.7　热氧环境下石墨烯改性复合材料的冲击性能

图2-63（a）和（b）分别为未老化的BGC和BC的F_{max}和冲击强度。从图2-63（a）可以看到BGC和BC的F_{max}分别为18.1MN/m²和16.3MN/m²。从图2-63（b）可以看到BGC和BC的冲击强度分别为192.5kJ/m²和161.4kJ/m²。与BC相比，BGC的F_{max}和冲击强度分别提高了11%和19.3%。这应归功于石墨烯增强的梯度界面层，其增强机理与上节增强弯曲强度和剪切强度的机理相同。

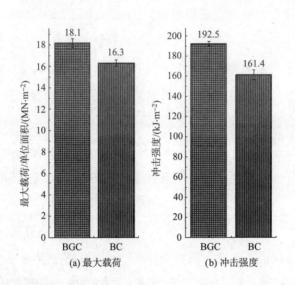

图2-63　未老化的BGC和BC试样单位面积的最大载荷和冲击强度

为了观测石墨烯增强的梯度界面层对热氧老化后复合材料冲击性能的影响，笔者做了BGC在140℃老化不同时间后的冲击试验。表2-7为BGC在140℃老化不同时间后单位面积的最大载荷和冲击强度的实验值。为了与未添加石墨烯的BC进行比较，对表2-7中F_{max}和冲击强度的数据进行了性能保留率计算，如图2-64所示。从图2-64可以看到两种复合材料的F_{max}和冲击强度保留率都随着老化时间的延长而下降。

表2-7　BGC在140℃老化不同时间后单位面积的最大载荷和冲击强度的实验值

老化时间/h	单位面积的最大载荷/（MN·m⁻²）					冲击强度/（kJ·m⁻²）				
	1#	2#	3#	平均值	标准差	1#	2#	3#	平均值	标准差
0	18.42	17.84	18.10	18.12	0.29	192.5	191.9	193.1	192.5	0.6
168	17.38	17.96	17.57	17.64	0.30	190.7	191.2	189.4	190.4	0.9
360	17.45	17.34	17.08	17.29	0.19	189.4	187.6	188.3	188.4	0.9
720	16.87	16.60	17.17	16.88	0.29	186.7	187.2	188.3	187.4	0.8
1200	15.67	16.52	16.09	16.09	0.43	179.9	180.9	181.4	180.7	0.8

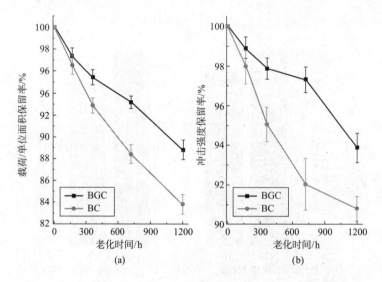

图2-64　BGC和BC在140℃老化后单位面积的最大冲击载荷保留率和冲击强度保留率与老化时间的关系

　　图2-65为老化前后的BC试样和BGC试样冲击试验后的侧面显微照片。对比两种复合材料老化前后的破坏形貌发现，每种复合材料老化后裂纹开口都变大，这说明热氧老化导致纤维/基体界面性能的退化。图2-66为老化前后的BC

试样和BGC试样冲击试验后受压面的显微照片。对比两种复合材料各自老化前后的照片发现，老化后的受压面上纤维断裂数量明显增多，这应该是热氧老化导致基体树脂脆化造成的。因此，老化后F_{max}和冲击强度的减小应归因于基体和纤维/基体界面性能退化。然而，在相同的老化条件下，两种复合材料的下降程度并不相同。老化1200h后，BGC的F_{max}保留率为88.8%，比BC的83.8%增大了5%。相应的BGC冲击强度的保留率为93.9%，比BC的90.8%增大了3.1%。对比图2-65（b）和（d）发现，BGC冲击后侧面裂纹宽度相对BC小一些。这说明石墨烯增强的BGC界面老化情况没有BC严重，或者是石墨烯增强的梯度界面层可以有效地抵抗裂纹的扩展。石墨烯增强的梯度界面层对BC在热氧老化下冲击性能的增强机理与上节中石墨烯增强的梯度界面层对弯曲性能和剪切性能的增强机理相同。

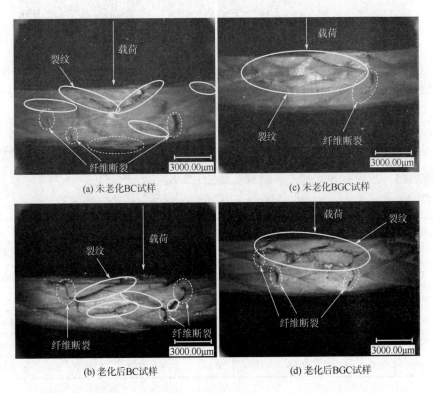

图2-65　未老化和在140℃老化1200h的BC和BGC试样冲击后的侧面显微照片

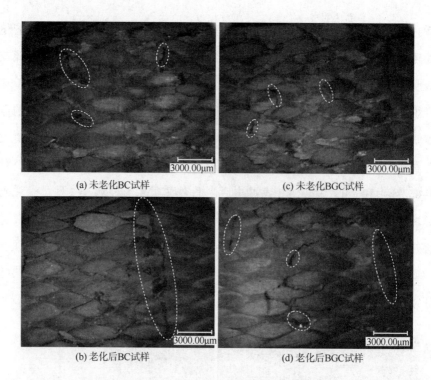

(a) 未老化BC试样　　　　　　　　　(c) 未老化BGC试样

(b) 老化后BC试样　　　　　　　　　(d) 老化后BGC试样

图2-66　未老化和在140℃老化1200h的BC试样和BGC试样冲击后的受压面的显微照片

2.5.8　极端条件下石墨烯改性复合材料的振动性能

基于实验获得的频响函数曲线，采用半功率带宽法获得的BGC在140℃老化前后的一阶固有频率和一阶阻尼系数见表2-8。

表2-8　BGC在140℃老化前后的一阶固有频率和一阶阻尼系数

老化时间/h	一阶固有频率/Hz					一阶阻尼系数/%				
	1#	2#	3#	平均值	标准差	1#	2#	3#	平均值	标准差
0	99.02	98.01	100.01	99.01	1.00	1.86	1.84	1.85	1.85	0.01
168	97.97	98.42	97.39	97.92	0.52	1.97	1.94	1.95	1.95	0.01
360	98.48	96.92	97.23	97.54	0.82	2.02	1.99	2.12	2.04	0.07
720	97.04	97.02	97.61	97.22	0.34	2.13	2.04	2.22	2.13	0.09
1200	98.04	97.31	96.36	97.24	0.84	2.19	2.38	2.22	2.26	0.10

为了比较添加石墨烯前后未老化复合材料的一阶固有频率（FNF）和一阶

阻尼系数（FDC），将表2-8中未老化的BGC和BC的FNF和FDC进行作图对比，如图2-67所示。

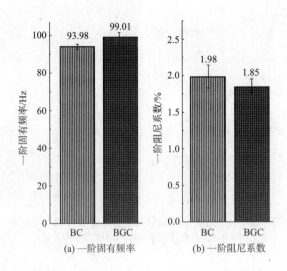

图2-67 未老化的BGC和BC的一阶固有频率和一阶阻尼系数

从图2-67可以看到BGC的FNF为99.01Hz，它比BC的FNF93.98Hz提高了5.03Hz。这可能是因为石墨烯增强的梯度界面层可以将外部载荷有效地从树脂传递到纤维，导致BGC模量增大。与此相反，BGC的FDC为1.85%，它比BC的FDC（1.98%）低0.13%。先前的研究表明，低的纤维和基体黏结性能对阻尼系数有重要影响，因为低的界面刚度会使得弹性应变能在界面重新分布，从而导致界面阻尼增大。而添加石墨烯增强的BGC的界面黏结性能要优于未添加石墨烯的BC，因此BGC的阻尼系数要低于未添加石墨烯的BC的阻尼系数。

为了观测石墨烯增强的梯度界面层对复合材料热氧老化后振动性能的影响，笔者将表2-8和表2-3中在140℃老化不同时间的BGC和BC的FNF和FDC进行了性能保留率计算，结果如图2-68所示。

两种复合材料的FNF随着老化时间的延长而减小［图2-68（a）］，这可能是因为热氧老化导致复合材料基体和纤维/基体界面性能下降，进而造成复合材料的弹性模量下降。与此相反，两种复合材料的FDC都随着老化时间的延长而增大［图2-68（b）］，这是由于热氧老化导致纤维/基体界面退化造成的。

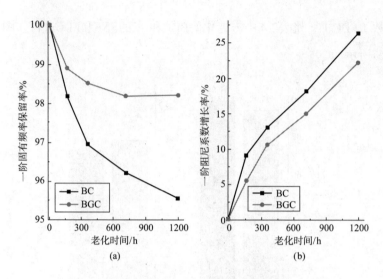

图2-68　BGC和BC在140℃老化的一阶固有频率保留率
和一阶阻尼系数增长率与老化时间的关系

然而在相同的老化条件下，BC的FNF的下降率和FDC的增加率都大于BGC。例如，在140℃下老化1200h后，BC的FNF下降率为4.4%，而BGC的下降率为1.8%。此外，三维编织复合材料的FDC增加率（26.3%）也大于石墨烯复合材料的FDC增加率（22.2%）。这是石墨烯增强的多尺度界面所起的作用。

　　综上，石墨烯增强的多尺度界面对热氧老化下复合材料振动性能的增强机理可归结如下：

　　（1）由热还原氧化石墨制得的石墨烯，它们中剩余的羟基和含氧官能团会和环氧树脂形成共价键，增强界面黏结性能。而强的界面黏结性能可以减缓氧气沿界面向复合材料内部扩散的速率，减弱界面氧化。

　　（2）石墨烯增强的梯度界面层的热导率低于碳纤维而高于环氧树脂，这种梯度导热层可以有效地转移界面热应力，减弱界面破坏。

　　（3）吸附了石墨烯的碳纤维表面变得粗糙，它可以增加界面摩擦，在热氧老化导致界面黏结性能下降的情况下，依然可以起到限制界面不同相运动的作用。

参考文献

［1］BELLENGER V, DECELLE J, HUET N. Ageing of a carbon epoxy composite for aeronautic applications ［J］. Composites Part B-Engineering, 2005, 36（3）：189-194.

［2］潘祖人. 高分子化学［M］. 北京：化学工业出版社，2007.

［3］MEADOR MAB, LOWELL C E, CAVANO P J, et al. On the oxidative degradation of nadic endcapped polyimides：Ⅰ. Effect of thermocycling on weight loss and crack formation［J］. High Performance Polymers, 1996, 8（3）：363-379.

［4］COLIN X, MARAIS C, VERDU J. Kinetic modelling of the stabilizing effect of carbon fibres on thermal ageing of thermoset matrix composites［J］. Composites Science and Technology, 2005, 65（1）：117-127.

［5］OHNO S, LEE M H, LIN K Y, et al. Thermal degradation of IM7/BMI5260 composite materials：characterization by X-ray photoelectron spectroscopy［J］. Materials Science and Engineering a Structural Materials Properties Microstructure and Processing, 2000, 293（1-2）：88-94.

［6］BOWLES K J, NOWAK G. Thermo-oxidative stability studies of Celion 6000/PMR-15 unidirectional composites, PMR-15, and Celion 6000 fiber［J］.Journal of composite materials, 1988, 22（10）：966-985.

［7］MENDELSY D A, LETERRIER Y, MANSON J A, et al. The influence of internal stresses on the microbond test Ⅱ：physical aging and adhesion［J］. Journal of composite materials, 2002, 36（14）：1655-1676.

［8］MASCIA L, ZHANG J. Mechanical properties and thermal ageing of a perfluoroether-modified epoxy resin in castings and glass fibre composites［J］. Composites, 1995, 26（5）：379-385.

［9］MADHUKAR M S, BOWLES K J, PAPADOPOULOS D S. Thermo-oxidative stability and fiber surface modification effects on the inplane shear properties of graphite/PMR-15 composites［J］. Journal of composite materials, 1997, 31（6）：596-618.

［10］MENDELS D A, LETERRIER Y, MANSON J A. The influence of internal stresses on the microbond test‑I: theoretical analysis［J］. Journal of composite materials, 2002, 36（3）: 347–363.

［11］AKAY M, SPRATT G. Evaluation of thermal ageing of a carbon fibre reinforced bismalemide［J］. Composites Science and Technology, 2008, 68（15）: 3081–3086.

［12］SULLIVAN L J, Ghaffarian R. Microcracking behavior of thermally cycled high temperature laminates［J］. Materials–Pathway to the Future, 1988: 1604–1616.

［13］GENTZ M, BENEDIKT B, SUTTER J K, et al. Residual stresses in unidirectional graphite fiber/polyimide composites as a function of aging［J］. Composites Science and Technology, 2004, 64（10–11）: 1671–1677.

［14］SCHUSTER J, HEIDER D, SHARP K, et al. Thermal conductivities of three-dimensionally woven fabric composites［J］. Composites Science and Technology, 2008, 68（9）: 2085–2091.

［15］VILLIERE M, LECOINTE D, SOBOTKA V, et al. Experimental determination and modeling of thermal conductivity tensor of carbon/epoxy composite［J］. Composites Part a Applied Science and Manufacturing, 2013, 46: 60–68.

［16］BEKYAROVA E, THOSTENSON E T, YU A, et al. Multiscale carbon nanotube-carbon fiber reinforcement for advanced epoxy composites［J］. Langmuir, 2007, 23（7）: 3970–3974.

［17］HAQUE M H, UPADHYAYA P, ROY S, et al. The changes in flexural properties and microstructures of carbon fiber bismaleimide composite after exposure to a high temperature［J］. Composite Structures, 2014, 108: 57–64.

［18］MLYNIEC A, KORTA J, KUDELELSKI R, et al. The influence of the laminate thickness, stacking sequence and thermal aging on the static and dynamic behavior of carbon/epoxy composites［J］. Composite Structures, 2014, 118: 208–216.

［19］SCHOEPPNER G A, TANDON G P, RIPBERGER E R. Anisotropic oxidation and weight loss in PMR–15 composites［J］. Composites Part A: Applied Science and Manufacturing, 2007, 38（3）: 890–904.

［20］VANTOMME J. A parametric study of material damping in fibre–reinforced plastics［J］. Composites, 1995, 26（2）: 147–153.

［21］YANG B F, YUE Z F, GENG X L, et al. Temperature effects on transverse failure modes of carbon fiber/bismaleimides composites［J］. Journal of Composite Materials,2016, 51（2）: 261–272.

第3章 耐海水环境树脂基复合材料
制备关键技术

3.1 引言

随着陆地资源的日益枯竭，人类的生存和发展会越来越多地依赖海洋。海洋资源的开发需要借助海上和深海设施，如海上钻井平台、船舶、海底输送管线、海底采矿设备、海上栈桥、深海探测器等一系列设施或装备，而先进树脂基复合材料正是建设这些装置不可或缺的材料。船舶工业作为应用纤维增强聚合物基复合材料最多的领域之一，早在20世纪40年代，国外就开始用聚酯玻璃钢造船。

纤维增强聚合物基复合材料家族中，由两种或两种以上的连续纤维增强同一种聚合物基体的混杂纤维增强聚合物基复合材料，因可以将不同种纤维间性能的差异，通过协调匹配，取长补短获得合适的热物理性能，从而扩大了结构设计的自由度及材料的适用范围。自20世纪70年代以来得到了广泛的研究与应用，被认为是现代船艇最有发展前途的材料，未来海洋工程中具有巨大应用前景。

海洋环境中实际应用的复合材料不但会受到应力损伤导致破坏，同时也会面临环境因素，如阳光、湿热、高能辐射、工业废气、盐雾、微生物等的影响，这些环境因素与复合材料发生物理、化学、生物和机械作用，最终导致复合材料力学性能下降。而船舶工业中使用的绝大多数复合材料势必会受到海水浸泡，海水浸泡会对先进树脂基复合材料造成腐蚀。

海水对先进树脂基复合材料的腐蚀作用可分为物理腐蚀作用、化学腐蚀作用和环境应力腐蚀作用。物理腐蚀是指温度、光照、外力等物理条件作用于复合材料，使复合材料产生微裂纹，同时介质向复合材料内部扩散，发生溶胀现象，最终导致复合材料力学性能的改变。化学腐蚀是指海水中的微生物、溶解氧、pH等对复合材料具有一定的化学作用，从而引起复合材料大分子结构的变化，部分可溶物析出。环境应力影响复合材料结构中大分子结构的应力松弛时间和蠕变，造成树脂与纤维界面发生开裂。复合材料发生环境腐蚀会缩短材料的使用寿命，限制其使用范围。因此，探讨先进树脂基复合材料的海水老化成为一个重要的问题。

3.2　耐海水环境先进树脂复合材料的制备

目前，采用的混杂纤维主要为高性能纤维，如碳纤维、玻璃纤维、玄武岩纤维、芳纶等。其中，碳纤维与玻璃纤维混杂体系制备的混杂复合材料适合制作高速舰艇，可提高其刚度和航速，减轻质量和节省燃料。

目前混杂复合材料大多是通过层内混杂、层间混杂、夹心结构及层内/层间混杂的层合复合材料，即层合结构混杂复合材料。然而，该结构类材料层与层之间只有低性能基体材料和纤维与基体间的界面作为承载主体，因此，层合复合材料在厚度方向上力学性能较差，具体表现为低的损伤容限和抗冲击性能。现在船舶朝大型化、高速化发展，其所用复合材料需要完成从非承力结构向主/次承力结构转变，在要求材料的强度和刚度外，同时要具备优良的冲击韧性、减震性、抗压能力及质轻节能的特点。层合混杂纤维复合材料厚度方向性能的不足在船舶工业实际应用中具有一定局限性。

三维纺织复合材料作为纤维增强复合材料的一种高级形式，由于其特有的结构形式和性能特征在复合材料领域占有重要地位。三向正交机织复合材料作为三维纺织复合材料中的一个典型，由于厚度方向纱线的捆绑作用，成型后复合材料整体性高，提高了材料的层间性能和损伤容限，同时由于平面内经纬纱线不参加交织，增加了预制件织造时的便捷性，可降低成本。

为使实验结果具有一定参考价值，如何通过混杂设计制备性能优良的复合材料是耐海水环境树脂基复合材料制备的关键。首先是选择混杂纤维，由于碳纤维与玻璃纤维强度高、模量大、耐腐蚀、密度低，采用这两种纤维制备的工程构件具有较高的轻量化价值，是海洋工程中常用的高性能纤维，本研究采用日本TORAY公司的T700S-12K碳纤维和陕西华特玻璃纤维材料集团有限公司生产的E玻璃纤维制备三向正交碳/玻璃纤维混杂环氧复合材料预制件。其次是混杂方式，研究发现将少量玻璃纤维层置于混杂复合材料顶层，材料的静态弯曲性能表现出正混杂效应，基于该结论本书采用"三明治"型的层间混杂，铺层方式为正交铺层，上、下层为相同少量玻璃纤维层，中间层为碳纤维，这种结构在提高层合混杂纤维复合材料弯曲性能的同时可使材料沿厚度方向的性能对称分布无"正反面"。对于三维复合材料制备，为实现层合与三向正交两种结构间的对比，经、纬纱排列顺序与层合复合材料的铺层方式相同。为分析纤维混杂与非混杂对复合材料静态弯曲性能的影响，还制备了三向正交碳纤维复合材料。最后，基体材料的选择。环氧树脂作为一种性能优异的树脂，常被用于船舶行业。因此，基体选用JC-02环氧树脂，并由JC-02A树脂（双酚二缩水甘油醚）、JC-02B固化剂（改性甲基四氢苯酐）及JC-02C促进剂（叔胺）三部分组成，其混合质量比为100∶83∶0.8。

图3-1（a）为三向正交混杂纤维复合材料预制件微观几何结构模型，如图所示三向正交混杂纤维预制件由8层经纱和9层纬纱组成。Z向纱沿经向垂直贯穿经纬纱所在平面，并在织物表面上下迂回将经纬纱捆绑，形成稳定的三向正交织物结构。其中上下两层经纱为玻璃纤维，中间6层经纱为碳纤维；上下4层纬纱为玻璃纤维，中间5层纬纱为碳纤维，经纬纱在厚度方向上对称排列，且Z向纱为玻璃纤维。预制件织造完成后，置入模具，采用真空辅助树脂传递模塑工艺（VARTM）将配比好的环氧树脂注入模具，以90℃，2 h—110℃，1 h—

135℃，6 h的固化制度完成固化制备出三向正交碳/玻璃纤维混杂环氧复合材料（三向正交混杂复合材料），沿材料经向不同位置的截面图如图3-1（b）与图3-1（c）所示。

三向正交碳纤维环氧复合材料（三向正交碳纤维复合材料）预制件织造过程以及复合材料固化与三向正交混杂复合材料完全相同，因此三向正交碳纤维复合材料和三向正交混杂复合材料具有相同的微观几何结构，两种复合材料的区别在于三向正交碳纤维复合材料预制件只有碳纤维。对于层合碳/玻璃纤维混杂环氧复合材料（层合混杂复合材料），经纬纱排列顺序与三向正交混杂复合材料相同，也就是说将三向正交混杂复合材料微观几何结构中的Z向纱去除后剩余部分为层合混杂复合材料的微观几何结构。复合材料的制备过程中，通过控制纬纱密度使三种材料的纤维体积含量保持一致，依据称重法计算三向正交混杂复合材料、三向正交碳纤维复合材料与层合混杂复合材料的纤维体积分数为56.3%。

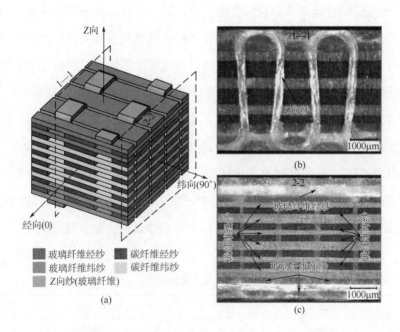

图3-1 三向正交混杂复合材料预制件几何结构图及沿经向不同位置的截面微观图

3.3　海水老化试验设计

新材料的商业化过程主要涉及两个步骤：

（1）在样本水平对材料进行性能参数的评价检测，对结构材料来而言应满足商业要求的力学性能参数，如强度、硬度、延伸率、疲劳极限及特性等。

（2）对新材料构建的组件原型进一步研究分析，评定其在整个工作寿命期间的安全可靠性。

为保证经济效益，海洋工程中使用的部分纤维增强树脂基复合材料设计寿命至少要15年，也就是说材料至少在15年内无须维护。就长期性能而言，无法对材料在实际时间范围内进行性能评价，因为该材料很可能在推向市场过程中被淘汰。因此，采用加速海水老化测试，将测试时间长度缩短到合理的时间范围，预测实际时间带来的材料性能演变，是一种优选的材料海水老化测试方案。加速海水老化的原理在于树脂基复合材料的吸湿量和吸湿后的力学特性之间有一一对应的关系，而导致吸湿量的增加与湿热历程无关，这是实验室加速老化和预估吸湿后材料力学性能的基本依据。

实验采用人工海水进行复合材料的老化，人工海水成分可参考标准ASTM D1141*Standard Practice for the Preparation of Substitute Ocean Water*设定，见表3-1。海水老化的温度是加速老化试验快慢的关键，温度高加速老化时间相对较快；温度较低，一般需要的老化时间较短。具体老化温度和老化时间可参考GB/T 2573—2008《玻璃纤维增强塑料耐水性加速试验方法》进行设定。

表3-1　人工海水配比

成分	比例/（g·L⁻¹）
NaCl	24.530
MgCl₂	5.200

续表

成分	比例/（g·L⁻¹）
Na_2SO_4	4.090
$CaCl_2$	1.160
KCl	0.695
$NaHCO_3$	0.201
KBr	0.101
HBO_3	0.027
$SrCl_2$	0.025
NaF	0.003

海水老化需要的恒定温度，可以利用一般的数显恒温水箱（图3-2）进行温度控制，海水成分的保持需要定期更换人工海水溶液，一般30天后进行一次更换即可。

本研究参考GB/T 2573—2008，设定海水老化温度为65℃，老化60天后分析材料性能变化。基体与复合材料海水

图3-2 恒温水箱图

老化实验在人工海水中进行，参考标准ASTM D1141人工海水成分与比例见表3-1。人工海水保持恒定温度65℃，30 d后进行一次换液操作。

纤维的老化需要考虑复合材料浸泡后的内部环境问题，因为有文献表明纤维增强树脂基复合材料在海水浸泡后质量增加只与水分子有关，海水中的Na^+、Cl^-等离子因为直径原因不会通过基体进入复合材料内部，也就是说海水浸泡后纤维更接近去离子水的影响。由于海水呈碱性，若直接采用纤维海水老化后的实验结果，这很可能会对最终海水影响纤维增强树脂基复合材料机械性能的机制分析造成偏差，基于该原因考虑，增加了纤维的去离子水老化。对于纤维的去离子水老化，与海水老化实验相同，两种纤维被置于盛有去离子水的

容器中，通过恒温水箱保持去离子水的温度为65℃。

3.4 先进树脂基复合材料海水老化机理

海洋老化的主要环境涉及温度、海水的组分以及紫外光等因素。综合来说，先进树脂基复合材料海水老化腐蚀机理主要与湿热、化学侵蚀及海洋微生物腐蚀等因素有关。先进树脂基复合材料由纤维、树脂基体以及纤维/基体界面组成，因此，海水老化对先进树脂基复合材料的影响也主要通过这三部分进行。

3.4.1 树脂基体老化

树脂基体作为复合材料组成成分之一，能够固定、保护纤维增强体和均衡分散载荷。针对海洋环境，在安全与经济效益得到保障的条件下选择适合的树脂基体对于复合材料完成服役起重要作用。

树脂的海水老化最先开始的是一个吸湿过程。水分子会通过扩散进入树脂内部。树脂吸水后引起质量变化。海水老化过程中将树脂浇铸体每隔一段时间取出一组试样（3个）测试试样质量变化，并采用式（3–1）计算吸湿率。

$$M_t = \frac{W_t - W_0}{W_0} \tag{3-1}$$

式中：M_t 为质量变化率；W_t 为 t 时刻试样的质量（g）；W_0 为原始试样的质量（g）。

环氧树脂基体在65℃的人工海水中质量变化率与时间（h）平方根的关系曲线如图3–3所示。曲线显示，起始阶段随着浸泡时间的增加浇筑体质量变化率呈线性增加。大约24天后，变化率保持稳定，海水中的物质不再向基体扩散达到饱和，最终平衡时质量变化率为1.02%。这表明，海水向树脂基体的扩散过程本质上符合Fick扩散定律。Fick扩散定律认为，材料的吸湿过程是水分子单纯向材料内部扩散的过程，水的进入并没有使之与材料发生不可逆的物理或化学反应。

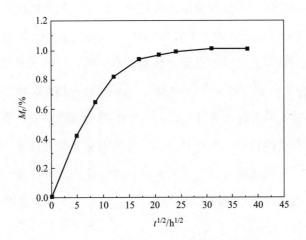

图3-3　环氧树脂浇注体的海水扩散曲线

为分析海水浸泡过程中基体质量增加是由哪些成分扩散引起的，采用X射线能谱仪（EDS）测试了原始试样以及海水浸泡60天后基体内部原子百分比的变化。图3-4中（a）与（b）分别是老化前后EDS测试中的试样内部树脂微末，

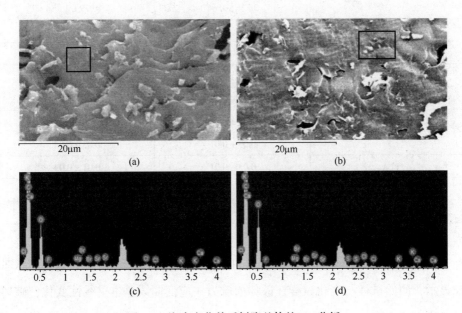

图3-4　海水老化前后树脂基体的EDS分析

（c）与（d）是对应的元素谱图。

表3-2为7次扫描后基体内原子百分比的平均值，测试过程中分析元素与海水中的相同。表3-2显示，海水老化前除B、S与Na元素外，其他元素均有一定占比，其中C、O、F及Cl原子百分比相对较高。其中，环氧树脂中主要元素C与O的原子百分比分别为79.73%、30.38%。读取到F与Cl含量相对较高，原因在于固化剂与促进剂中含有这两种元素。对于Mg等元素很可能是由于树脂制备以及固化过程中杂质的掺杂。而在老化后，基体内部主要元素原子百分比基本保持不变。这表明环氧树脂基体对于海水具有过滤作用，且所有溶质都不会渗透到基体内部，随浸泡时间延长水分子的扩散造成了基体质量增加。

表3-2　海水老化前后树脂基体内的原子百分比

元素	原子百分比/ %	
	原始试样	老化试样
B	0	0
C	79.73 ± 0.70	80.53 ± 1.84
O	30.38 ± 0.64	19.79 ± 1.45
F	0.11 ± 0.09	0.14 ± 0.36
Na	0	0
Mg	0.01 ± 0.01	0.03 ± 0.01
S	0	0
Cl	0.08 ± 0.03	0.09 ± 0.03
K	0.03 ± 0.01	0.03 ± 0.04
Ca	0.03 ± 0.01	0.01 ± 0.03
Br	0.01 ± 0.03	0.03 ± 0.03
Sr	0.03 ± 0.03	0.01 ± 0.01

海水老化前后环氧树脂基体的弯曲应力—应变曲线如图3-5所示。测试曲线显示，原始试样与老化试样在破坏前应力—应变曲线基本呈线性变化，破坏时曲线突然下降。这表明，老化前后环氧树脂最终发生脆性破坏。

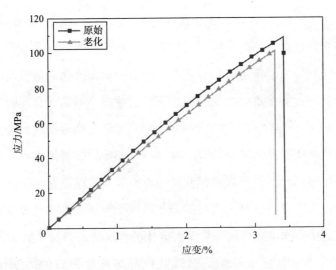

图3-5　海水老化前后树脂浇注体的应力—应变曲线

表3-3为老化前后基体的弯曲性能。海水浸泡60天后，环氧树脂基体的弯曲强度从117.5 MPa下降到104.34 MPa，模量从3.15 GPa下降到2.86 GPa，降幅分别为11.3%与9.31%，这是因为环氧树脂吸湿后会发生基体溶胀，如图3-6所示。使得其中的—O—CH₃及酯键—COOR—水解，使树脂的大分子链断裂，使得树脂结构被破坏。

表3-3　海水老化前后环氧树脂的弯曲性能

项目	平均强度/MPa	平均模量/GPa
原始试样	117.50 ± 5.94	3.15 ± 0.33
老化试样	104.34 ± 3.37	2.86 ± 0.05
下降率	11.30%	9.31%

3.4.2　纤维海水老化

纤维耐化学腐蚀性一般通过两种方式进行评价：一种是化学介质浸泡后的失重率测试，失重率越高纤维抗化学介质腐蚀性越差；另一种是测试老化前后纤维拉伸强度。结构型复合材料最关心的就是材料的力学性能，因此，本节通

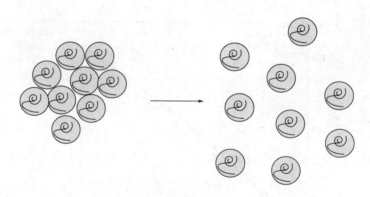

图3-6　树脂基体溶胀示意图

过测量纤维的拉伸强度来表征其抗海水老化的程度。

高性能纤维单丝如碳纤维、玻璃纤维等与常见材料的力学拉伸强度测试不同，因其单丝直径为几微米到二十几微米，相当于一根头发丝的1/30～1/5，且显脆性使得其很难通过试验机夹头进行纤维单丝夹持操作。此外直接夹持会损伤纤维，拉伸时断裂模式常发生在夹持处，造成实验结果失效。参考标准ASTM D 3379—1975 *Standard Test Method for Tensile Strength and Young's Modulus for High-Modulus Single-Filament Materials*，将单丝制样后再进行拉伸强度测试。制样步骤为：

（1）将底板材料（如A4纸、防水相纸及美术素描纸等）裁剪为方环，本研究选择美术素描纸。

（2）从纤维束中分离出一根单丝，将单丝［图3-7（a）］一端用胶带固定后铺放在方环上，方环尺寸如图3-7（b）所示。

（3）微调单丝使其置于方环宽度中线处，轻微拉紧，在胶黏区滴少量502极速固化胶。

（4）等待胶黏剂固化，完成试样制备。单丝拉伸测试采用强力范围0～300cN的单纤强力仪（Model，LLY-06B型），设定测试参数夹持间隔35 mm，拉伸速度5mm/min，每组试样得30个数据。实际拉伸测试时将胶黏有单丝的方环试样竖直地夹持在试验机上下夹头间，随后切断纸方环长度方向的两个边梁，点击开始测试，直至单丝被拉断，图3-7（c）为拉伸中的试样。单丝强度按下式计算：

$$\sigma_f = \frac{4F}{\pi d^2} \times 10^4 \qquad (3\text{-}2)$$

式中：σ_f为纤维单丝断裂强度（MPa）；F为纤维单丝断裂力（cN）；d为单丝直径（μm）。

单纤维在生产和后续加工过程中会产生缺陷，这些缺陷的随机分布导致纤维单丝强度具有较大的离散性。基于Coleman最弱链接理论和大量实验数据进行的统计学分析表明，碳纤维与玻璃纤维等纤维单丝拉伸强度服从二参数Weibull分布。采用统计学方法估计出Weibull分布的形状参数和尺寸参数，评价纤维单丝强度及其离散性的变化。

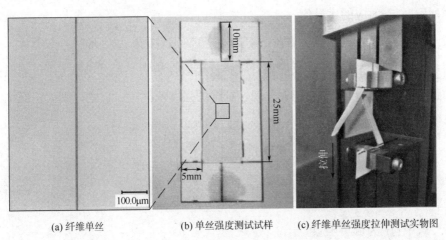

(a) 纤维单丝　　　　　(b) 单丝强度测试试样　　　(c) 纤维单丝强度拉伸测试实物图

图3-7　纤维单丝强度拉伸实验

根据吴等的文献，采用同一标距法，单纤维强度服从的二参数Weibull分布函数表达式如式（3-3）所示：

$$F = 1 - \exp\left[-\left(\frac{\sigma}{\sigma_0}\right)^{\beta}\right] \qquad (3\text{-}3)$$

式中：F为断裂强度不高于σ时的断裂概率累积分布函数，即失效概率；σ为纤维单丝断裂强度；σ_0为对应测试间隔下的Weibull分布尺寸参数；β为纤维的形状参数。

在式（3-3）的两边取两次自然对数，得到式（3-4）：

$$\ln\ln\left(\frac{1}{1-F}\right)=\beta\ln\sigma-\beta\ln\sigma_0 \qquad (3\text{-}4)$$

从式（3-4）可以得到$\ln\sigma$与$\ln\ln[1/(1-F)]$为线性关系，通过绘制$\ln\sigma$与$\ln\ln[1/(1-F)]$间的散点图，采用最小二乘法拟合后，直线方程的斜率为形状参数β，利用截距可求出尺寸参数σ_0。对应于一定单丝强度水平的失效概率F可用式（3-5）表示：

$$F=\frac{i}{N+1} \qquad (3\text{-}5)$$

式中：i为将测试的单丝断裂强度结果按照由小到大的顺序排列成一个递增序列后，与σ对应的序号值。

式（3-4）中，形状参数β表示单丝强度离散性的参数，形状参数越大，说明纤维强度离散性越小；反之，纤维强度离散性越大。尺寸参数σ_0用于表征拉伸强度的大小，尺寸参数越大，表示纤维的强度值越大；反之，则表示纤维的强度值越小。

σ的数学期望通过式（3-6）计算：

$$\bar{\sigma}=\sigma_0\Gamma\left(1+\frac{1}{\beta}\right) \qquad (3\text{-}6)$$

式中：Γ为伽马函数。

碳纤维和玻璃纤维在65℃的人工海水与去离子水中浸泡两个月后，纤维单丝强度Weibull拟合曲线如图3-8和图3-9所示。

表3-4中双对数拟合曲线拟合度表明，Weibull分析统计结果可以可靠地分析未处理与处理碳纤维和玻璃纤维的单丝强度变化。表3-4显示，经过海水与去离子水处理后，碳纤维的尺寸参数σ_0分别下降了3.85%、3.71%。上述结果表明，海水与去离子水浸泡基本不会影响碳纤维的拉伸强度。原因在于碳纤维是由片状石墨微晶等沿纤维轴向方向堆砌而成，经碳化及石墨化处理而得到的微晶石墨材料，含碳量在95%以上，具有极高的惰性。水以及海水中的其他离子在高温条

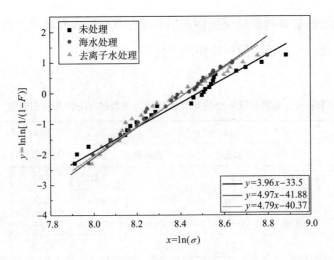

图3-8　碳纤维海水和去离子水处理以及未处理时拉伸强度的 Weibull 双对数线性拟合图

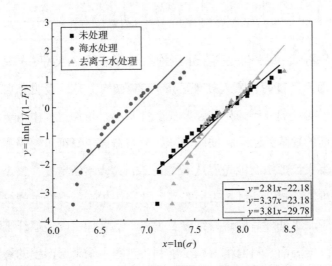

图3-9　玻璃纤维海水和去离子水处理以及未处理时拉伸强度的 Weibull 双对数线性拟合图

件下基本不会与之发生化学反应而被腐蚀。σ_0下降很可能与纤维表面上浆剂的溶解有关。然而，对于玻璃纤维，相比去离子水浸泡后的轻微改变，海水处理后单丝的尺寸参数σ_0从3679MPa下降到973MPa，下降了63.56%。因此，海水处理后玻璃纤维的拉伸强度会发生严重衰减。这是因为玻璃纤维的主要成分是SiO_3，海水偏弱碱性，OH^-渗透到纤维中破坏了表面的—Si—O—网状结构：

$$—Si—O—Si—+OH^- \longrightarrow —Si—OH+—Si—O^-$$

生成的硅酸盐等物质形成脆性壳层并逐渐从纤维表面剥离。剩余的纤维芯与原纤维相比直径减小进而拉伸强度变低。

表3-4 增强纤维未处理与处理后拉伸强度的 Weibull 分布参数

参数	碳纤维			玻璃纤维		
	原始	海水老化	去离子水老化	原始	海水老化	去离子水老化
β	3.96	4.97	4.79	3.81	3.37	3.83
σ_0/MPa	4749	4566	4573	3679	973	3490
R-Square	0.94	0.96	0.94	0.90	0.88	0.93
σ_0下降率/%	—	3.85	3.71	—	63.56	7.05
$\bar{\sigma}$/MPa	4303	4191	4188	3386	874	3351
$\bar{\sigma}$下降率/%	—	3.58	3.65	—	63.37	5.66

表3-4还显示，海水与去离子水浸泡后尽管单丝拉伸强度表现出不同幅度的下降。然而，经过两种方式处理后形状参数β均上升，表明海水与去离子水处理后碳纤维与玻璃纤维的拉伸强度离散性减小。拉伸过程中由于应力集中，纤维会在表面的缺陷处断裂，缺陷的随机分布造成了纤维单丝强度的离散性。玻璃纤维在海水处理中腐蚀壳层从纤维表面剥离会不断重复，整个浸泡过程纤维会处于纤维芯状态。纤维芯表面光滑、缺陷较少，最终纤维的拉伸强度离散性降低。对于海水处理后的碳纤维以及去离子水处理后的玻璃纤维和碳纤维，可能是因为纤维表面浆料的溶解减少了制备过程中浆料层产生的裂纹，纤维离散度降低。上述分析表明去离子水浸泡基本不会影响碳纤维与玻璃纤维的单丝强度。海水对碳纤维的影响不大，但会严重降低玻璃纤维拉伸性能。

3.4.3 纤维/基体界面海水老化

纤维增强树脂基复合材料的性能取决于树脂基体、纤维和界面性能，根据界面传递理论，纤维与基体间界面的作用为复合材料承载时将应力从基体传递到纤维，其强度大小直接影响材料的机械性能、韧性和破坏模式等宏观力学行为。水分子进入复合材料内部会对界面造成破坏，破坏主要包括三个方面：第一，树脂基体吸水会发生溶胀，当溶胀应力超过界面黏结应力时，界面即会产生微裂纹；第二，水分子在进入复合材料内部的过程中，在界面处会产生渗透压，当渗透压大于界面黏结力时，会导致界面开裂；第三，水分子会与界面处的化学键发生反应，破坏界面的化学黏结，使界面脱黏。

层间剪切强度作为一种定量表征界面粘接性能的测试方法，大量报道采用层间剪切强度测试分析了湿热老化后界面的强度与变化率。采用的方法如横向弯曲实验、短梁剪切实验、Iosipescu剪切实验、±45°张拉法等均为界面强度宏观力学测试方法，这类方法参数可标准化，结果可以直接供工业应用参考。然而，上述方法的测试结果只是纤维与基体间界面强度的间接反映。

纤维与基体间界面性能一般通过两者间的黏结强度来直接反应。已有界面黏结强度测试方法大致可分为宏观力学测试方法、微观力学测试方法和纤维束测试方法。微观力学测试方法包括微黏结实验、单纤维破碎实验、单纤维拔出/压入实验等，这些方法是将纤维单丝嵌入或埋入树脂基体，通过拉/压纤维单丝或基体获得界面黏结强度表征结果。其中横向纤维束拉伸实验是常用的测试方法。利用特殊模具，经浇注、固化可以将狗骨形树脂基体黏结在纤维束两侧。在狗骨形试样两端施加拉伸载荷，由于纤维与基体的界面黏接强度远低于树脂基体本身的强度，试样必在纤维与基体的界面处断裂，可获得界面黏接强度的直接反映。这种方法与微观力学测试方法相比，能更好地模拟纤维和基体界面变形情况，同时制样容易、测试方便，且试样尺寸较大，进行海水老化试验实际操作可行性高。与宏观力学测试方法相比，试验结果可准确定量地表征纤维与基体间的界面强度。

3.4.3.1　横向纤维束拉伸实验

图3-10（a）为横向纤维束拉伸试样的尺寸。如图3-10（b）所示，制样具体步骤为：

（1）在模具与锡纸上涂抹脱模剂。

（2）利用透明胶带将纤维束固定在一半模具上。

（3）对接另一半模具后，以锡纸为底板包裹模具。

（4）模具内注入树脂后在烘箱内固化。

（5）拆试样。

制备的碳纤维与玻璃纤维横向纤维束拉伸实验试样如图3-10（c）所示。使用与准静态弯曲性能测试相同的万能试验机进行测试，取加载速度为1mm/min，如图3-10（d）所示为测试中的试样。横向纤维束拉伸实验界面强度按下式计算：

$$\sigma_I = \frac{F}{bh} \tag{3-7}$$

式中：σ_I为界面强度（MPa）；F为破坏载荷（N）；b为试样宽度（mm）；h为试样厚度（mm）。

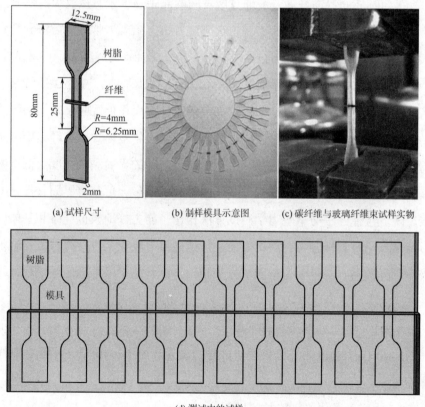

(a) 试样尺寸   (b) 制样模具示意图   (c) 碳纤维与玻璃纤维束试样实物

(d) 测试中的试样

图3-10 横向纤维束拉伸测试

3.4.3.2　界面强度Weibull统计分析与假设检验

复合材料界面微观结构和性能特征受到宏观因素如增强体特性、基体特性、复合工艺条件、环境条件以及几何条件的控制。这些因素的综合影响会导致界面强度测试结果具有较大的离散性。为了准确预报纤维与基体间的界面性质给复合材料的设计和使用提供可靠的参考，则基体与纤维间的界面强度值不能视为定值。因此，考察界面强度及强度分布很有必要。最近Zhang等采用分子动力学模拟方法研究了玻璃纤维增强聚丙烯复合材料在不同温度和应变速率下的界面损伤行为，结果表明玻璃纤维/聚丙烯界面的损伤演化遵循Weibull分布。通过Zhang的研究结论，本文假设海水老化前后横向纤维束拉伸试验测得的界面强度值服从Weibull分布。且就实验本身与实验结果进一步做出以下假设：

（1）试样均在树脂基体与纤维间强度最弱的界面处断裂。

（2）界面强度总为正值。

（3）界面强度值的概率分布不受试样尺寸和几何形状的影响。

基于以上假设，横向纤维束拉伸厚度的界面强度值服从如式（3-8）两参数Weibull分布：

$$F_I = 1 - \exp\left[-\left(\frac{\sigma_I}{\sigma_{I_0}}\right)^{\beta_I}\right] \tag{3-8}$$

式中：F_I为界面强度不高于σ_{I_0}时的断裂概率累积分布函数，即失效概率；σ_I为界面强度；σ_{I_0}为尺寸参数；β_I为形状参数。

对应于一定应力水平的失效概率F_I可用式（3-9）表示。

$$F_I = \frac{i}{N+1} \tag{3-9}$$

式中：i为界面强度按照由小到大顺序排列成一个递增序列后，与σ_I对应的序号值。将式（3-5）的两边分别取两次自然对数，得到式（3-10）：

$$\ln\ln\left(\frac{1}{1-F_I}\right) = \beta\ln\sigma_I - \beta\ln\sigma_{I_0} \tag{3-10}$$

式（3-10）中$\ln\sigma_I$与$\ln\ln[1/(1-F_I)]$为线性关系，绘制$\ln\sigma_I$与$\ln\ln[1/(1-F_I)]$间的散点图，采用线性拟合后，直线方程的斜率为形状参数β_I，利用截距求出尺寸参数σ_{I_0}。

采用Kolmogorov检验法假设检验该样本是否服从两参数的Weibull分布。设$(X_1，\cdots，X_n)^\mathrm{T}$是取自具有连续分布函数$F(x)$的一个样本，取假设检验为：

$$H_0：F(x)=F_0(x)\longleftrightarrow H_1：F(x)\neq F_0(x)$$

式中：$F(x)$为理论分布函数，$F_0(x)$为样本分布函数，不等号至少对某一点成立。采用统计量$D_n=\sup\limits_{-\infty<x<+\infty}|Fn(x)-F_0(x)|$，当假设$H_0$不成立时，对于给定的水平$\alpha$，由文献中查表得临界值$D_{n,\alpha}$，使得：

$$P\{D_n>D_{n,\alpha}\}=\alpha \tag{3-11}$$

对于样本观察值$(x_1，x_3\cdots x_n)^\mathrm{T}$，计算统计量$Dn$的观察值的$\hat{D}_n$，如果$\hat{D}_n>D_{n,\alpha}$，则拒绝假设$H_0(F(x)=F_0(x))$，否则接受$H_0$。以上数据通过Matlab软件处理。若假设成立，采用极大似然估计重新计算界面强度的形状参数与尺寸参数。

3.4.3.3 纤维/基体界面海水老化分析

海水老化前后，碳纤维与玻璃纤维部分试样的横向纤维束拉伸测试应力—应变曲线如图3-11（a）与（b）所示，随着应变的增加应力呈线性增加，试样破坏时曲线突然掉落，期间无塑性变形，表现出脆性材料的破坏模式。

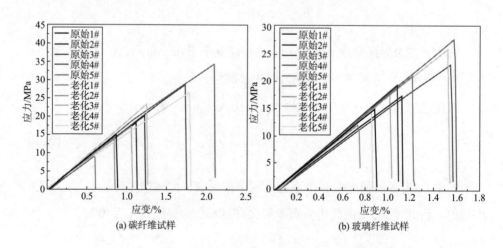

(a) 碳纤维试样 　　(b) 玻璃纤维试样

图3-11　海水老化前后横向纤维束拉伸应力—应变曲线

图3-12中试样断裂失效前后的实物图显示，老化前后碳纤维与玻璃纤维试样断口均在基体与纤维束的连接处，因此曲线应力最大值为碳纤维/基体界面（C/M）和玻璃纤维/基体界面（G/M）的粘接强度。

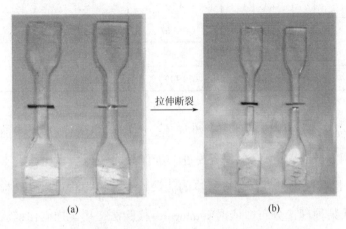

图3-12　碳纤维与玻璃纤维横向纤维束拉伸破坏后的断口

假设试样老化前后界面强度服从Weibull分布。根据推导公式（3-8），如图3-13所示，对海水老化前后C/M和G/M的强度值采用双对数线性拟合，拟合方程斜率为Weibull方程的形状参数β_1，通过截距求出尺寸参数σ_{l_0}，结果见表3-5。

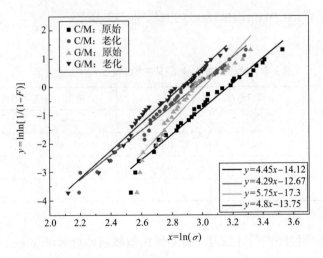

图3-13　海水老化前后碳纤维和玻璃纤维与基体间界面强度的 Weibull 双对数线性拟合图

表3-5　纤维与基体间界面强度的Weibull双对数线性拟合参数值

参数	碳纤维/基体界面（C/M）		玻璃纤维/基体界面（G/M）	
	原始	海水老化	原始	海水老化
斜率	4.45	4.39	5.75	4.80
截距	−14.13	−13.67	−17.3	−13.75
β_I	4.45	4.39	5.75	4.80
σ_{I_0}	33.88	19.17	30.36	17.54

上述β_I和σ_{I_0}均为假设条件下的推导值，对C/M和G/M海水浸泡前后强度值是否服从两参数Weibull分布，需要进一步作界面强度假设检验。本研究采用Kolmogorov检验法进行界面强度样本的假设检验，该方法可以精确检验经验分布是否服从某种理论分布。依据Kolmogorov检验法，用试样老化前后的界面强度值（样本观察值）计算所构造统计量D_n的观察值$\hat{D}_n$，给定置信水平，查询Kolmogorov检验临界值表可知$D_{n,\alpha}$，使：$P\{D_n > D_{n,\alpha}\} = \alpha$。如果$\hat{D}_n > D_n D_{n,\alpha}$，则拒绝假设$H_0$：$F(x) = F_0(x)$，否则接受$H_0$。给定置信水平$\alpha = 0.05$，老化前后的试样取40个有效数据，使用Matlab软件对数据进行处理后结果如表3-6所示。从表可以看出C/M和G/M的强度值所构造统计量D_n的观察值$\hat{D}_n$均小于$D_{n,\alpha}$，接受假设H_0。因此，海水老化前后C/M和G/M的强度均服从Weibull分布。

表3-6　界面强度Weibull分布Kolmogorov检验结果

参数	碳纤维/基体界面（C/M）		玻璃纤维/基体界面（G/M）	
	原始	海水老化	原始	海水老化
$\hat{D}_n$	0.13	0.11	0.17	0.10
$D_{n,\alpha}$	0.31	0.31	0.31	0.31
H_0	0	0	0	0

为提高准确性降低估计偏差，采用极大似然估计对海水老化前后C/M和G/M强度的Weibull分布参数重新计算，结果如表3-6所示。表3-6显示C/M和G/M强

度的尺寸参数σ_{M_0}在海水浸泡后分别下降了16.74%、14.3%，表明海水老化会降低复合材料的界面强度。研究发现，在碳纤维拉曼光谱的D（1330 cm⁻¹）、G（1580cm⁻¹）和G'（3660cm⁻¹）波段，当碳纤维受到拉伸时会向低波数移动，反之受到压缩时会向高波数移动。基于上述原理，Zafar等采用单纤维破碎实验，通过线性拟合获得试样中碳纤维的应变—拉曼频率（波数）曲线。作者将试样浸泡在海水与去离子水中不同时间的实验结果表明，在室温海水与去离子水中60天后，碳纤维分别产生了沿纤维轴向0.13%和0.33%的拉伸应变，原因在于基体吸湿后会膨胀，试样内部出现与残余热应力类似的应力。由于基体膨胀会沿着各个方向以及纤维泊松比效应，C/M和G/M在海水老化后会产生垂直于纤维表面的残余应力，进而影响了界面强度与复合材料性能。表3-7中，海水老化后C/M和G/M强度的形状参数β_M下降，表明老化后纤维的界面强度离散度会增加。可能是因为吸水后基体网络结构破坏导致C/M和G/M的缺陷增加离散度增加。

表3-7　界面强度Weibull分布参数极大似然估计

参数	碳纤维/基体界面（C/M）		玻璃纤维/基体界面（G/M）	
	原始	海水老化	原始	海水老化
β_M ［置信区间］	4.33 ［3.34,5.34］	3.9 ［3.08,4.94］	5.1 ［3.99,6.37］	4.95 ［3.89,6.39］
σ_{M_0}/MPa ［置信区间］	34.08 ［33.38,36.03］	30.05 ［18.43,31.81］	30.35 ［19.05,31.74］	17.46 ［16.34,18.65］
σ_{M_0}下降率/%	—	16.74	—	14.3
$\bar{\sigma}$/MPa	31.89	18.13	18.71	16.03
$\bar{\sigma}$下降率/%	—	17.33	—	14.37

图3-14为海水老化后C/M和G/M强度的平均值以及下降幅度。从图3-14中可以看出，未老化时C/M的平均强度高于G/M，这与纤维的热膨胀系数有关。试样在制备时，树脂的固化温度最高达到135℃，期间纤维受热会热膨胀，

固化完成冷却后纤维收缩产生残余热应力。由于碳纤维的热膨胀系数为$0.7 \times 10^{-6}℃^{-1}$，玻璃纤维为$3.9 \times 10^{-6} \sim 5 \times 10^{-6}℃^{-1}$，玻璃纤维的热膨胀系数远大于碳纤维，也就是说固化期间玻璃纤维变形更大，冷却后由于泊松效应沿纤维径向的残余应力更高，导致玻璃纤维界面强度变低。海水老化后C/M的平均强度从21.89MPa下降到18.13MPa，下降了17.33%，G/M的强度从18.71MPa下降到16.03MPa，下降了14.37%，C/M的强度下降率却高于G/M。这可能是因为，65℃海水老化过程中，纤维热膨胀与基体吸湿膨胀间会产生膨胀差，碳纤维较低的热膨胀系数导致其界面极少数部分在老化过程中已经脱黏，这种测试前的不可恢复损伤导致C/M强度出现相对较高的下降率。

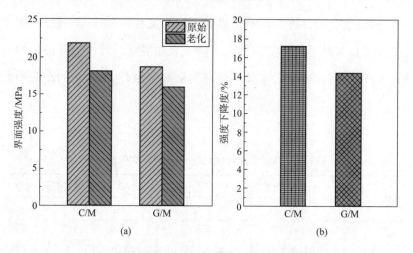

图3-14 海水老化前后界面界面强度与下降率

结果表明，吸湿老化会导致基体、纤维与界面性能不同幅度的下降。纤维、基体与界面作为复合材料的三大组成部分，其中任意成分性能发生变化必定会引起复合材料综合性能的改变。因此，老化后性能下降率较高的成分很可能成为三向正交混杂复合材料海水老化后弯曲疲劳性能降低的主导因素。环氧树脂、碳纤维、玻璃纤维、C/M以及G/M为三向正交混杂复合材料的组成成分，图3-15是这些成分吸湿老化的性能降低率。其中基体与界面为海水浸泡的结果，纤维的测试条件为去离子水。针对纤维采用去离子水老化后的结果作为对比，原因在于海水中溶质Na⁺、Cl⁻等不会透过复合材料的树脂表面扩散到内部，影响复合材料性能的只是水分子。与海水相比，去离子水更接近三向正交混杂复合材料海水浸泡后材料的内部环境。结论显示对于玻璃纤维在海水与去离子水中的老化，由于海水偏碱性会严重降低玻璃纤维的拉伸强度，相反去离子水则几乎对其无影响。因此，若直接采用海水老化后的结果会导致最终实验分析结论不准确。

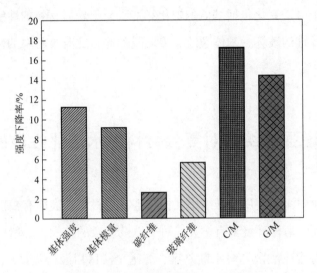

图3-15 基体、纤维与界面海水老化后的强度下降率

图3-15显示，海水浸泡后树脂的弯曲强度与模量下降率分别为11.3%、9.31%，C/M与G/M强度的下降率分别17.33%、14.37%。去离子水老化后碳纤维与玻璃纤维的平均拉伸强度分别下降了3.65%、5.66%。综上，下降率表明基体和界面性能下降导致了三向正交混杂复合材料海水老化后弯曲疲劳性能的衰减，且界面性能下降为主导因素。这印证了大量文献中通过SEM定性分析后的结果，吸湿后会导致复合材料界面脱黏，进而降低复合材料的机械性能。因此，复合材料在吸湿烘干后弯曲疲劳性能能够基本恢复，原因在于环氧树脂吸湿后水分子在其内部一般以两种方式存在：自由水和结合水。自由水，在吸湿初期水分子以扩散为主，占据树脂基体内部的大分子链低交联区、空隙及缺陷等。结合水，初始扩散阶段后，由于水分子具有极性会与高交联区大分子链的极性基团构成氢键破坏初始的网络结构，也会键合形成范德瓦尔斯力，两者的

共同作用在该阶段基体会发生膨胀和塑化，其中后者占结合水的大部分。加热后基体内的自由水以及大量结合能和激活能较小的范德瓦尔斯力键合水会散失，基体膨胀消除，界面与基体恢复到原来的状态，复合材料性能恢复。

先进树脂基复合材料吸湿后其力学性能将发生改变，湿态力学性能随吸湿量的变化而变化。由于浸泡时间的不同复合材料的性能变化可以是可逆或部分可逆的。其中可逆变化包括基体的塑化和溶胀，干燥后材料的性能可恢复；不可逆变化为纤维的破坏、基体裂纹、界面脱黏等，此时，材料的性能将发生永久性变化。

3.5 增强体结构对复合材料海水老化性能的影响

船舶工业中实际使用的纤维增强树脂基复合材料在表面有一层用于防腐的保护层。然而，海洋环境具有多元、可变以及复杂的特性，一般可将其分为海洋大气区、海水飞溅区、海水潮差区、海水全浸区以及海泥区5个区带，每个区带都具有独特的环境。这决定了海洋工程中使用的纤维增强树脂基复合材料会不可避免地受到海洋环境中，如阳光、温度、流速与波浪、水生物等不同因素的影响，很可能使得保护层破裂，直接接触海水。因此，了解海水浸泡后复合材料的性能变化，对于复合材料在长期服役过程中的安全性至关重要。

3.5.1 海水老化前复合材料的弯曲疲劳性能

复合材料疲劳性能作为材料性能研究的一个重要问题，根据实验类型可分为拉—拉疲劳实验、拉—压疲劳实验、压—压疲劳实验和弯曲疲劳实验。工程实际中材料弯曲疲劳经常会发生，处于弯曲状态下材料内部应力分布不均，从零应力平面到材料表面应力逐渐增加，且凹入侧受压应力，凸出侧受拉应力，通过弯曲疲劳加载可以综合反应材料的疲劳性能，在材料疲劳性能测试中比较成熟。因此研究三向正交混杂纤维增强树脂基复合材料在海水老化前后的弯曲疲劳性能具有重要意义。

探讨三向正交混杂复合材料未经过海水老化的弯曲疲劳性能。首先，通过三点弯曲测试确定三向正交混杂复合材料、三向正交碳纤维复合材料与层合混杂复合材料的静态弯曲强度。同时，为分析纤维混杂与非混杂对复合材料的影响，对比三向正交混杂复合材料与三向正交碳纤维复合材料的静态弯曲性能，并通过超景深三维显示系统原位拍照对两种复合材料的损伤机制进行了研究。其次，通过弯曲疲劳试验研究了三向正交混杂复合材料的疲劳性能，采用应变—循环曲线和疲劳损伤演变过程对三向正交混杂复合材料的疲劳行为进行了分析。最后，对比三向正交混杂复合材料与层合混杂复合材料弯曲疲劳破坏形貌。

复合材料准静态三点弯曲分析如下：

（1）准静态三点弯曲性能测试。准静态三点弯曲测试包括复合材料和树脂基体的测试。参考GB/T 1449—2005《纤维增强塑料弯曲性能试验方法》使用水切割将材料制为三点弯曲试样，试样尺寸为80 mm×15 mm×4 mm（长×宽×厚）如图3-16（a）所示，且材料径向与试样长度方向平行。测试采用传感器范围为0~5kN的万能试验机（三思纵横，UTM5205型）。材料弯曲性能测试过程取跨距为64mm，加载速度为1mm/min，每种材料重复测试三次，图3-16（b）为正在测试的试样。

材料的准静态三点弯曲强度、模量和挠度按下式计算：

$$\sigma_{\mathrm{f}}=\frac{3P \cdot l}{2b \cdot h^2} \tag{3-12}$$

式中：σ_{f}为弯曲强度（MPa）；P为破坏载荷（N）；l为跨距（mm）；b为试样厚度（mm）；h为试样宽度（mm）。

$$E_{\mathrm{f}}=\frac{l^3 \cdot \Delta P}{4b \cdot h^3 \cdot \Delta S} \tag{3-13}$$

式中：E_{f}为弯曲模量（MPa）；ΔP为载荷—挠度曲线上初始直线段的载荷增量（N）；ΔS为与载荷增量ΔP对应的跨距中点处挠度增量（mm）。

$$\varepsilon = \frac{6S \cdot h}{l^2}$$

（3-14）

式中：ε为应变。

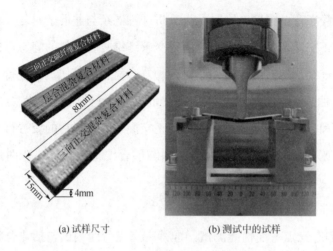

(a) 试样尺寸　　　　　　　　(b) 测试中的试样

图3-16　复合材料三点弯曲测试

（2）弯曲应力—应变曲线分析。三向正交混杂复合材料、三向正交碳纤维复合材料以及层合混杂复合材料三点弯曲测试后应力—应变曲线如图3-17所示。从图中可以看出，起始时三种复合材料的弯曲应力随应变增加成正比增加。之后如图3-17中的放大图，三种材料的应力—应变曲线经历一段应力波动达到最大值后迅速减小。当材料受到弯曲载荷时，内部应力表现为从中性层零应力平面到上、下表面的逐渐增加，且试样上层受压应力，下层受拉应力，也就是说材料内部应力分布不均匀。这种应力不均致使复合材料内部局部纤维率先损伤，对应地表现为曲线斜率出现下降（图3-17）。然而，这并不会导致复合材料最终破坏，由于应力集中相邻纤维会在局部接管由断裂纤维引起的附加载荷，随着加载继续曲线应力增加。局部损伤累积形成图3-17中放大图所示达到应力最大前应力—应变曲线的波动段。

图3-17中复合材料的斜率和最大应力表明三向正交混杂复合材料的弯曲强度和模量均高于层合混杂复合材料。这是因为Z向捆绑纱线提高了复合材料抵抗弯曲变形的能力。图3-17还显示三向正交混杂复合材料的弯曲模量低于三向

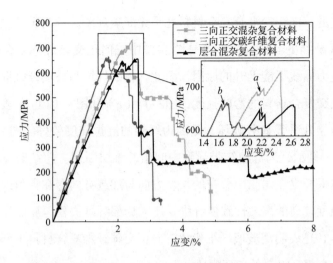

图3-17　静态三点弯曲试验下不同复合材料的应力—应变曲线

正交碳纤维复合材料。然而，最终弯曲破坏应变和强度却高于三向正交碳纤维复合材料。这表明将三向正交复合材料混杂设计，其弯曲性能表现出正混杂效应。原因在于玻璃纤维的模量低于碳纤维，这导致三向正交混杂复合材料在三点弯曲载荷作用下产生了较大变形。

（3）破坏形貌分析。超景深三维显示系统（Keyence， VHX-5000型）用于复合材料准静态弯曲与弯曲疲劳损伤机制、损伤过程及疲劳破坏形貌的分析。研究表明间歇加载对材料疲劳失效模式和最终疲劳寿命无影响。因此，本书采用暂停时间不超过半小时的间歇加载方式对复合材料弯曲疲劳过程进行拍照表征。根据图3-17，复合材料在应力波动时会出现纤维损伤。为分析损伤机理，采用三维超景深显微系统在复合材料弯曲测试期间进行原位拍照分析。依据应力变化，对应于图3-17中 a 点与 b 点三向正交混杂复合材料和三向正交碳纤维复合材料的显微照片如图3-18和图3-19所示。图3-18（a）和图3-19（a）表明，在三点弯曲载荷作用下三向正交混杂复合材料和三向正交碳纤维复合材料的破坏都起始于承受压缩应力的顶层。如图3-18（b）和图3-19（b）所示，两种材料都是受压侧碳纤维层发生了扭结破坏和剪切破坏。图3-19（b）还显示三向正交碳纤维复合材料的明显破坏出现在试样表面压应力最大的第一层；

然而，对应的三向正交混杂复合材料几乎无断裂现象。因为碳纤维在压应力作用下比玻璃纤维更容易损伤，这是图3-17中三向正交碳纤维复合材料率先发生损伤，应力曲线不能上升的原因。因此，将碳纤维与玻璃纤维混杂设计可以提高三向正交复合材料的弯曲强度。图3-18（c）和图3-19（c）表明两种复合材料的受拉层几乎无显著破坏，是因为纤维的抗拉强度较好。图3-18（d）和图3-19（d）显示，局部扭结带导致中间碳纤维层断裂。扭结破坏的原因在于纤维弯曲使得纤维在树脂中分布的长度方向与加载方向存在夹角即纤维偏转角以及纤维强度较高的离散性致使纤维受压时局部纤维失稳、屈曲发生扭结。图3-18和图3-19还表明用玻璃纤维代替三向正交碳纤维复合材料中部分碳纤维会改变三向正交复合材料的破坏模式。

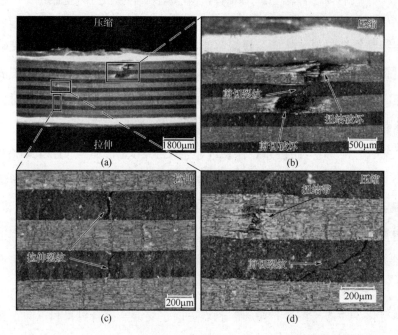

图3-18　三向正交混杂复合材料在准静态三点弯曲加载过程中的损伤形貌

3.5.2　混杂复合材料弯曲疲劳响应与性能对比

3.5.2.1　增强体的三点弯曲疲劳测试

三点弯曲疲劳测试参考标准GB/T 35465.1—2017《聚合物基复合材料疲劳

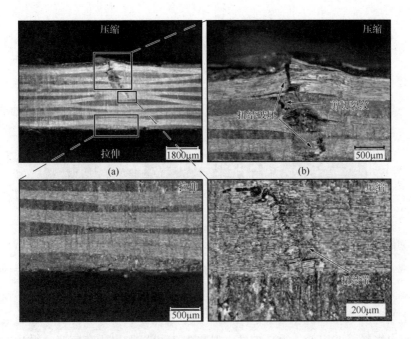

图3-19 三向正交碳纤维复合材料在准静态三点弯曲加载过程中的损伤形貌

性能测试方法 第1部分：通则》，使用传感器范围为0～100kN的液压伺服疲劳试验机（百诺，PLW-100型）进行疲劳加载实验，试验机以液压为动力，驱动下部座动器实现循环载荷，如图3-20（a）所示为测试中的海水老化试样。测试过程采用载荷控制加载模式，取弯曲疲劳加载波形为正弦波，并设定最小载荷与最大载荷比为0.1。由于树脂基复合材料基体具有黏弹性，阻尼较大，在交变载荷作用下有迟滞损耗，且在疲劳过程中由于组分损伤以及缺陷、裂纹扩展，这些都将消耗热量，从而引起试件局部温度升高。对于海水老化后的复合材料试样，若疲劳加载频率过高，试样内部产生的热不能及时散失，进而导致水分子蒸发，这会影响海水老化后复合材料疲劳实验结果。因此，本文疲劳加载频率设定为3Hz，同时为尽可能得到接近实际的实验结果，如图3-20（b）所示，海水老化后的试样在疲劳加载过程中被缠绕了海水浸泡的湿纸巾。对于应力水平，海水老化试样取未老化时静态弯曲破坏力值的35%、45%和55%。每个应力水平测试三个试样，实验环境温度为33℃，相对湿度为50%。

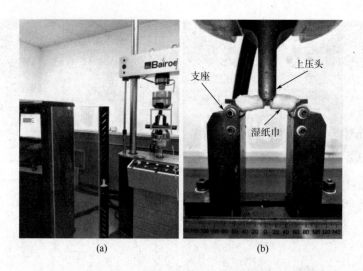

图3-20　海水老化后混杂复合材料三点弯曲疲劳加载测试

（1）应变—循环曲线。图3-21为三向正交混杂复合材料在50%、55%及60%应力水平下的应变—循环曲线。从图3-21可以看出所有应变—循环曲线可以分为三个阶段：（Ⅰ）应变逐渐增加；（Ⅱ）稳定变化；（Ⅲ）应变迅速升

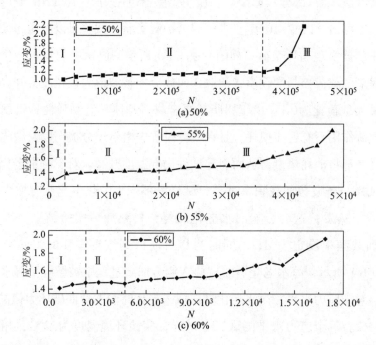

图3-21　三向正交混杂复合材料在不同应力水平下表面应变—循环次数曲线

高。这三个阶段对应于复合材料疲劳损伤演变的三个主要过程：初始状态、损伤演化和灾难性破坏。随着应力水平的降低，第二阶段的加载次数上升。结果表明，应力水平增加会提前引起三向正交混杂复合材料的损伤。

（2）三向正交混杂复合材料的弯曲疲劳损伤发展。本文采用间歇加载方式揭示三向正交混杂复合材料的损伤发展过程。55%应力水平间歇加载疲劳实验中，采集了三向正交混杂复合材料的损伤演化显微照片，如图3-22所示。该试样总加载次数为9.3×10^4次。如表3-8所示，三向正交混杂复合材料在55%应力水平下平均疲劳寿命及离散系数分别为94459次与35.1%。这表明间歇加载不会影响复合材料的疲劳损伤演变。如图3-22（a）和（b）显示，6×10^3次前复

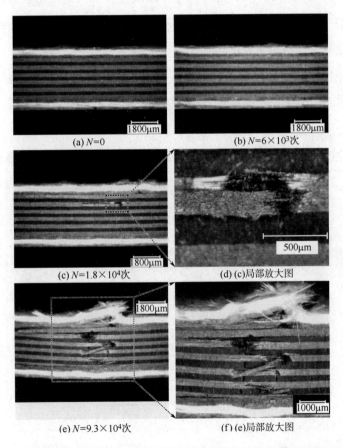

(a) $N=0$ (b) $N=6 \times 10^3$次

(c) $N=1.8 \times 10^4$次 (d) (c)局部放大图

(e) $N=9.3 \times 10^4$次 (f) (e)局部放大图

图3-22 三点弯曲疲劳加载中三向正交混杂复合材料在55%应力水平时的损伤演化

合材料没有明显疲劳损伤。然而，如图3-22（b）所示，材料应变却在逐渐增大。因此，该阶段对应于仅发生塑性变形累积的初始阶段。大约在1.2×10^4次循环后，如图3-22（c）所示复合材料发生了损伤，该阶段对应于图3-22（b）中的损伤演化阶段。根据损伤的严重程度，从图3-22（c）可以看出，损伤起始于碳纤维经纱层，而不是位于上层表面的玻璃纤维层。可能是因为碳纤维的压缩破坏应变低于玻璃纤维。这表明三向正交混杂复合材料在三点弯曲加载时疲劳破坏机制与准静态破坏机制具有相似性。图3-22（d）还显示，复合材料上层局部区域受到严重损伤。然而，直到加载次数为1.8×10^4次，材料下层依然无明显破坏现象。因此，三向正交混杂复合材料的三点弯曲疲劳过程主要表现为压缩破坏。图3-22（d）为三向正交混杂复合材料最终的疲劳破坏形貌。根据图3-22（d）与（f），碳纤维和玻璃纤维的损伤以及试样中心纤维断裂是三向正交混杂复合材料主要的破坏形式。

（3）混杂复合材料疲劳性能对比。三向正交混杂复合材料与层合混杂复合材料在不同应力水平下的弯曲疲劳实验结果如表3-8所示。

表3-8　三向正交混杂复合材料与层合混杂复合材料在不同应力水平的弯曲疲劳寿命

混杂复合材料	平均静强度/MPa	应力水平/%	疲劳寿命/次	平均疲劳寿命/次	变异系数（CV）/%
层合混杂复合材料	647	50	449672	610197	21.6
			608335		
			772584		
		55	47285	72957	25.9
			79368		
			92219		
		60	1027	1664	45.5
			1238		
			2727		
三向正交混杂复合材料	714	50	432718	809754	43.1

混杂复合材料	平均静强度/MPa	应力水平/%	疲劳寿命/次	平均疲劳寿命/次	变异系数（CV）/%
三向正交混杂复合材料	714	50	723128	809754	43.1
			1273416		
		55	48576	94459	35.1
			109374		
			125427		
		60	10217	17879	37.3
			16956		
			26464		

表3-8表明，在不同应力水平三向正交混杂复合材料的平均疲劳寿命均高于层合混杂复合材料。图3-23为三向正交混杂复合材料与层合混杂复合材料的S—N曲线，采用式3-15进行线性拟合：

$$\sigma_{max} = A - B\lg N \tag{3-15}$$

式中：σ_{max} 为施加的最大应力；N 为试样破坏后的疲劳寿命；A 和 B 为常数，与材料性能相关。三向正交混杂复合材料与层合混杂复合材料的拟合系数分别为0.92和0.95，因此通过S—N曲线对比分析两种材料的疲劳性能是可靠的。

从图3-23可以看出试样的疲劳寿命随施加最大应力的增大而减小。两种复合材料的S—N曲线显示，三向正交混杂复合材料的lgN值明显高于层合混杂复合材料。这表明与层合混杂复合材料相比三向正交混杂复合材料具有更好的弯曲疲劳性能。原因在于Z向捆绑纱的加入提高了复合材料层间强度，进而提高了材料的疲劳性能。

图3-24与图3-25分别为层合混杂复合材料与三向正交混杂复合材料不同应力水平的疲劳破坏形貌图。图3-24表明应力水平的改变会影响层合混杂复合材料的疲劳破坏模式。当层合混杂复合材料疲劳加载过程处于60%的应力水平时材料损伤仅发生在中间层上方区域。从图3-24（a）可以看到明显的剪切

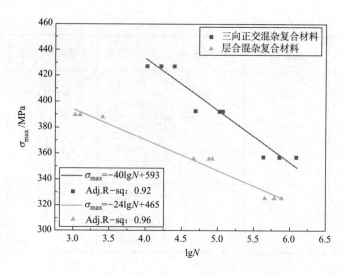

图3-23　采用线性拟合后三向正交混杂复合材料与层合混杂复合材料的S—N曲线

损伤带和局部分层。当应力水平下降到50%时层合混杂复合材料的损伤逐渐扩展到复合材料整个区域。分层是层合混杂复合材料主要的破坏模式。这是因为层合混杂复合材料处于底应力水平时，整个疲劳加载过程中复合材料内部应力较小，纤维与基体在疲劳损伤演变的前两个阶段不会发生严重断裂。施加到试样的机械能会在强度较低的层间逐渐释放，最终疲劳破坏时主要表现分层。处于高应力水平时纤维、基体以及层间在疲劳加载一开始就会被损伤、破坏。图3-25为三向正交混杂复合材料沿径向在不同横截面处的破坏形貌。图3-25（a）～（c）是不包含Z向纱的截面，图3-25（d）～（f）为包含Z向纱的截面。对比两种材料，如图3-25所示，虽然Z向纱的加入使三向正交混杂复合材料表现出与层合混杂复合材料完全不同的疲劳破坏形貌，但随着应力水平的改变，复合材料的疲劳破坏机制有相似性。从图3-25（a）和（d）可以看出，在60%应力水平下三向正交混杂复合材料的疲劳破坏形貌表现为基体以及纤维脆断，无分层现象。这是因为Z向纱的捆绑作用提高了复合材料层间性能。当处于50%应力水平时，如图3-25（c）和（f）所示，大量纤维被抽拔后断裂，这表明复合材料纤维与基体间界面被严重损伤。也就是说当处于高应力水平时，复合材料的疲劳演化趋向于基体与纤维破坏占主导，处于低应力水平时趋向于

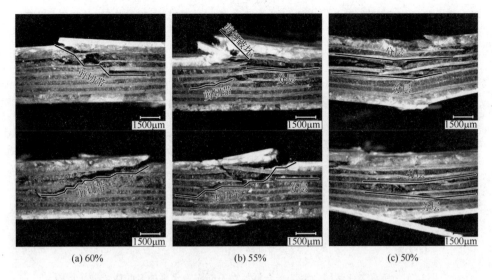

图3-24　层合混杂复合材料在不同应力水平的弯曲疲劳破坏形貌

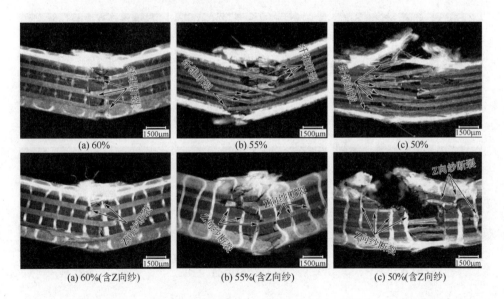

图3-25　三向正交混杂复合材料在不同应力水平的弯曲疲劳破坏形貌

界面破坏占主导。

3.5.2.2　海水老化后增强体弯曲疲劳性能分析与对比

图3-26和图3-27分别是老化后层合混杂复合材料和三向正交混杂复合材料在不同应力水平时的弯曲疲劳破坏形貌图。与图3-24和图3-25中层合混杂

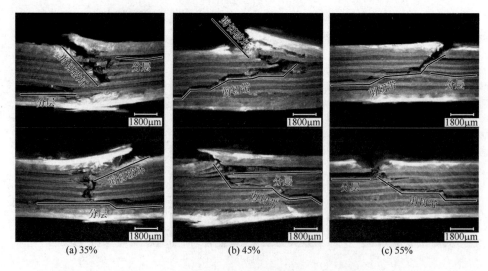

(a) 35%　　　　　　　(b) 45%　　　　　　　(c) 55%

图3-26　海水老化后层合混杂复合材料在不同应力水平的弯曲疲劳破坏形貌

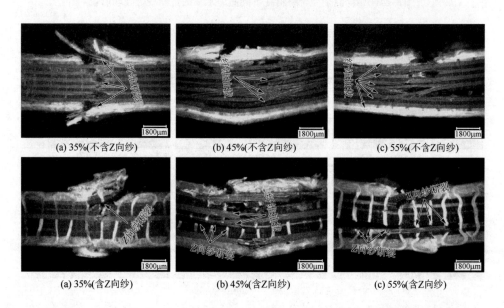

(a) 35%(不含Z向纱)　　(b) 45%(不含Z向纱)　　(c) 55%(不含Z向纱)

(a) 35%(含Z向纱)　　(b) 45%(含Z向纱)　　(c) 55%(含Z向纱)

图3-27　海水老化后三向正交混杂复合材料在不同应力水平的弯曲疲劳破坏形貌

复合材料和三向正交混杂复合材料非老化试样相同，海水浸泡后复合材料的疲劳破坏模式也受应力水平的影响。从图3-26（a）可以看出，层合混杂复合材料试样在35%应力水平时主要以上层严重的剪切破坏和下层明显的分层为主。处于45%应力水平时，从试样上层到下层的剪切带占主导并伴随着剪切破坏和分层。55%应力水平中上层的剪切带以及轻微分层是主要的破坏现象。图3-27（b）和（c）中三向正交混杂复合材料不包含Z向纱的截面，55%与45%应力水平时，纤维出现抽拔现象且45%应力水平时更严重。图3-27（e）和（f）中包含Z向纱的截面，高、中两个应力水平下出现Z向纱断裂后的严重分层。在35%应力水平时三向正交混杂复合材料则表现出与前两个应力水平完全不同的破坏现象，可能是因为应力水平过低且材料的层间剪切强度较高，疲劳加载无法对纤维以及层间界面造成严重损伤，最终基体的塑性变形不断累积以及剪切力对试样的不断磨损，形成图3-27（a）和（d）中的疲劳破坏形貌。

根据表3-9和表3-10中海水老化后层合混杂复合材料和三向正交混杂复合材料在35%、45%以及55%应力水平下的弯曲疲劳寿命，两种混杂复合材料的S—N曲线如图3-28所示。曲线显示，最大应力值相同时，三向正交混杂复合材料的lgN值大于层合混杂复合材料，因此海水浸泡后三向正交混杂复合材料表现出更优异的弯曲疲劳性能。结果表明，海水老化后界面强度的降低是导致复合材料性能下降的主导因素。由于三向正交混杂复合材料中Z向纱的捆绑作用材料的层间界面强度较高，因此海水浸泡后弯曲疲劳性能更好。

表3-9　海水老化后层合混杂复合材料的弯曲疲劳寿命

试样状态	原始静强度/MPa	应力水平/%	疲劳寿命/次	平均疲劳寿命/次	变异系数（CV）/%
海水老化	617	35	443931	807337	38.54
			774143		
			1303916		
		45	64517	145897	65.33
			93761		
			379413		
		55	884	4943	63.07
			5483		
			8463		

表3-10　三向正交混杂复合材料海水老化与烘干后在不同应力水平时的疲劳寿命

试样状态	原始静强度/MPa	应力水平/%	疲劳寿命/次	平均疲劳寿命/次	变异系数（CV）/%
老化试样	714	35	403527	595801	24
			617954		
			765924		
		45	48118	41251	54.3
			64593		
			11044		
		55	1019	4836	61.8
			8317		
			5174		

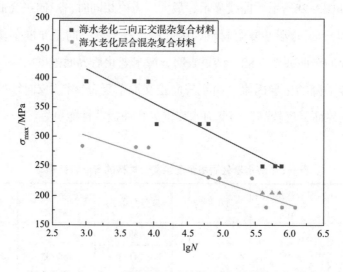

图3-28　海水老化后三向正交混杂复合材料与层合混杂复合材料的S—N曲线

参考文献

[1] 益小苏，杜善义，张立同．复合材料手册［M］．北京：化学工业出版社，2009．

［2］原明月，周权，倪礼忠. 改性热固性丁苯树脂复合材料的人造海水腐蚀老化行为［J］. 玻璃钢/复合材料，2013（Z2）：37-41.

［3］周嫄娜，李炜. 碳纤维单丝强度WEIBUL分析与研究［J］. 高科技纤维与应用，2015，40（6）：35-40.

［4］吴琪琳，潘鼎. 碳纤维强度的WEIBUL分析理论［J］. 高科技纤维与应用，1999，（6）：41-44.

［5］李稳. 基于纤维束复合材料测试的单向层合板层间性能的预估方法［D］. 广州：华南理工大学，2017.

［6］DENG S, QI B, HOU M, et al. Assessment of interfacial bonding between polymer threads and epoxy resin by transverse fibre bundle（TFB）tests［J］. Composites Part A, 2009, 40（11）：1698-707.

［7］师义民，徐伟，秦超英，等. 数理统计［M］. 4版. 北京：科学出版社，2015，139-141.

［8］WU W L, WANG Q T, ICHENIHI A, et al. The effects of hybridization on the flexural performances of carbon/glass interlayer and intralayer composites［J］. Polymers, 2018, 10（5）：549.

［9］POODTS E, MINAK G, ZUCCHELLI A. Impact of sea-water on the quasi static and fatigue flexural properties of GFRP［J］. Composite Structures, 2013, 97：222-230.

第4章　先进树脂基复合材料老化寿命预测

先进树脂基复合材料在航天结构件上的应用主要有两大阵地:战略导弹和巡航导弹。导弹具有长期储存、一次性使用的特点，其储存可靠性是导弹武器研制、生产、使用和储存管理部门共同关心的问题。如果预估的寿命长于真实寿命，已经失效的构件在飞行器发射过程中会导致发射失败，危及发射平台和己方人员安全，甚至造成灾难性后果；如果预估时间过短，会使大批可用导弹提前报废销毁，造成重大经济损失。因此对先进树脂基复合材料的储存寿命预估具有重要的现实意义。

4.1　理论预测模型

4.1.1　预测模型分类

经过几十年的研究发现，先进树脂基复合材料的自然老化是一个非常复杂的问题，原因是先进树脂基复合材料与金属材料相比，其本身的物理、力学性能存在较大的分散性，导致在老化试验过程中需要使用大量的试样，试验费用非常高，在项目研究中难以承受，因此在实际工程应用中，需要在自然老化数据少、老化周期短的情况下对复合材料寿命进行预测，根据描述老化过程的出发点与描述参数的不同，寿命预测方法可归结为三大类：剩余强度模型、老化动力学模型和应力松弛时间模型。

4.1.1.1　剩余强度模型

Γ.M.古尼耶夫等认为，对于无负荷条件下暴露于环境中的热固性复合材料，假设增强过程和损伤是相互独立的，那么性能的不可逆变化所造成的复合材料强度变化可用式（4-1）描述：

$$S=S_0+\eta(1-e^{-\lambda t})-\beta\ln(1+\text{æ}t) \qquad (4-1)$$

式中：S为复合材料老化t小时后的强度；S_0为复合材料初始强度；η为材料固化程度参数；λ为材料和外部环境参数；t为老化时间；β为材料抵抗裂纹扩展能力参数；æ为外部环境侵蚀性参数。

η和β仅与材料特性有关，可经一系列人工气候老化试验来确定，而且可用于确定式（4-1）中的参数，并外推到自然环境。叶宏军等用式（4-1）预测T300/4211复合材料层压板在湿热环境下的强度变化，与实测值有较好的一致性。肇研等在式（4-1）的基础上，用中值老化方程的回归分析方法确定了具有高置信度、高可靠度的复合材料老化公式：

$$S_R=S_0+\eta(1-e^{-\lambda t})-\beta\ln(1+\text{æ}t)-k_R(t)\sigma \qquad (4-2)$$

式中：S_R为置信度为γ、可靠度为R的老化剩余强度；待定系数S_0、η、λ、β、æ含义与式（4-1）相同；$k_R(t)$为置信度为γ、可靠度为R的二维单侧容限系数；σ为老化剩余强度的标准差。

除了以上两种常用的剩余强度预测模型外，常新龙应用桥联模型计算了玻璃纤维/环氧树脂复合材料的吸湿老化剩余强度，计算结果与试验结果一致。李晖等基于二元统计分析方法，建立玻璃纤维增强复合材料在老化过程中弯曲强度与老化时间、环境综合因子之间的二元一次方程，通过计算可得方程的形式$y=684.13-4.071t-0.025w$，其中环境综合因子w是一个和温度（T）、湿度（H）及光照辐射量（Q）三个因素相关的函数，即$w=f(T,H,Q)$。利用六个地区3年试样的试验数据对方程进行验证，结果预测值和实测值有很好的吻合性。

4.1.1.2　老化动力学模型

Dakin认为在一定老化温度下，材料性能残余值p与老化时间t有如下关系：

$$F(p)=Kt \qquad (4-3)$$

式中：K为反应速率常数，再结合阿累尼乌斯（Arrhenius）公式：

$$K=A_0\mathrm{e}^{-E/RT} \qquad (4\text{-}4)$$

式中：A_0为前因子；E为活化能；R为气体常数；T为热力学温度。推出线性关系动力学模型：

$$\lg t=\lg[f(p_e)A_0]+\frac{E}{2.303RT}=a+bT^{-1} \qquad (4\text{-}5)$$

此式即著名的Dakin寿命方程。卜乐等用式（4-5）预测了冷却塔拉挤成型玻璃钢托架的湿热老化性能及使用寿命，得到各试样在水温28℃可有30年或更长时间使用寿命的结论。直线法在原理上简单明了，但是应用条件比较苛刻，因为此法要求每一老化温度T下的变化均需正好达到临界值ρ_e才能进行回归处理，这不仅延长了试验时间，而且不易准确表现性能随时间的变化关系。针对直线法的缺点，有研究者提出动力学曲线直线化模型和作图法，但均难得到理想的寿命预测模型。芦艾指出，较晚出现的数学模型法综合了直线法、动力学曲线直线化法和作图法的优点，是目前既可靠又可行的材料性能变化预测方法。

目前也有人用差示扫描量热法和热重分析方法研究复合材料的热解动力学并对其进行使用寿命的预测。

4.1.1.3 应力松弛时间模型

所谓松弛过程是指高聚物在外场作用下，通过分子运动从一种平衡状态过渡到与外场相适应的新的平衡状态。完成此过程所需的时间称为松弛时间。松弛时间模型认为，材料的松弛时间依赖于环境因素，老化时间到达松弛时间τ时，材料丧失使用性能。Wiederhorn根据大量的实验结果给出了玻璃纤维复合材料在湿度和应力两种环境因素协同作用下腐蚀速率v的经验公式：

$$v=ax^f\exp[-E/(RT)]\exp[bk/(RT)] \qquad (4\text{-}6)$$

式中：x为相对湿度；f为材料与环境介质之间的相互作用参数；E为不受外力时材料的内聚能（$\mathrm{J/cm^3}$）；R为气体常数；T为热力学温度（K）；k为应力因素；a，b为常数；上式变形可得Wiederhorn腐蚀寿命公式：

$$t = ax^{-f}\exp[E/(RT)]\exp[-bk/(RT)] \tag{4-7}$$

刘观政等在Wiederhorn腐蚀寿命公式的基础上结合玻璃态高聚物大应力作用下松弛时间与应力之间的关系式，分离湿度与应力，得出纯湿度对材料腐蚀寿命τ的影响：

$$\tau = ax^{-f} \tag{4-8}$$

式中：a为常数。根据橡胶弹性理论，橡胶溶胀理论并结合应力松弛时间公式，推导出纯溶胀对材料腐蚀寿命的影响：

$$\tau = \left(-\frac{1}{3}\ln V_2\right)\tau_0 \tag{4-9}$$

式中：τ为溶胀后应力松弛时间；τ_0为溶胀前应力松弛时间；V_2为溶胀后高分子体积膨胀率。考虑时间因素并结合高聚物自由体积膨胀理论、Arrhenius规律推导出纯温度对腐蚀寿命的影响：

$$\Delta \ln\tau = \frac{[B/(2.303f_0)](T-T_0)}{\left(\dfrac{f}{a^f}\right)+(T-T_0)} \tag{4-10}$$

综合式（4-8）~式（4-10），得出溶胀体积变化率的应力松弛时间模型：

$$\tau = \tau_0 ax_0^{-f}\exp\left(-\frac{E}{RT}\right)\left(\ln V_2^{-1/3}\right)\exp\left\{\frac{[B/(2.303f_0)](T-T_0)}{\left(\dfrac{f}{a^f}\right)+(T-T_0)}\right\} \tag{4-11}$$

式中：B为常数。该模型在腐蚀动力学方程和Wiederhorn经验公式的基础上，结合橡胶弹性理论、自由体积膨胀理论和应力松弛等基础理论以及Arrhenius规律和Fick扩散定律，较系统地解释了温度、湿度、水和应力四个环境因素对高聚物及其复合材料的腐蚀作用规律。但由于模型是将温度、湿度、应力、溶胀诸因素对老化寿命的影响简单叠加后得到的，未考虑各因素间的相关性，因而具有一定的局限性。

4.1.2　先进树脂基复合材料热氧老化寿命预测模型

先进树脂基复合材料长期暴露在热氧环境下会导致力学性能下降。由于弯曲强度可以综合反映基体和纤维/基体界面性能的变化，而且热氧老化对树脂基复合材料的影响主要是对其基体性能和纤维/基体界面性能的影响，因此将弯曲强度作为性能评定参数，利用热氧加速老化条件下的弯曲强度数据，可以预估先进树脂基复合材料在室温下的储存寿命。

要预估树脂基复合材料的储存寿命，首先必须建立老化性能评定参数B（根据应用条件选定）的数学模型，即B与温度T和时间t的关系（$B—T—t$三元数学模型）。由于用Arrhenius方程描述性能B随温度T的变化关系是高温加速老化的理论依据，所以凡是采用这一方法建立的预估模型的建模依据都是Arrhenius方程，而关键是怎样选取性能B随时间变化的数学模型。

4.1.2.1　先进树脂基复合材料热氧老化性能与老化时间的随机过程模型

先进树脂基复合材料的热氧老化包括纤维、基体、纤维/基体界面的老化。由于常用于增强先进树脂基复合材料性能的纤维的耐热氧老化性能较高，在低于200℃时不发生热氧老化，所以先进树脂基复合材料的老化主要包括基体树脂的物理化学变化以及由基体树脂老化引起的界面性能的退化。树脂的热氧老化过程包含有利部分（后固化）和不利部分（分子链断链和失重），所以老化后的性能是这两部分相互竞争的结果，当有利部分占主导地位时，材料的性能会上升，当不利部分占主导地位时，性能会下降。基体树脂的上述变化会引起界面性能的变化，这一过程导致的结果是不可预知的，是随机的，因此热氧老化导致整个先进树脂基复合材料性能退化过程十分复杂。然而，性能上升只会出现在固化不完全的先进树脂基复合材料上，而且只会在老化时间较短的情况下出现，随着老化时间的延长，先进树脂基复合材料的性能必定下降。对于完全固化和固化程度很高的先进树脂基复合材料基本不存在后固化，所以先进树脂基复合材料的性能随着老化时间的延长必定下降。为了简化建模过程，假设先进树脂基复合材料是完全固化的。

根据随机过程理论，对于一定环境下的先进树脂基复合材料，其性能下降量与它经历的时间有关。$B(t)$是某一环境中先进树脂基复合材料经历时间t时的性能值，虽然$B(t)$的一切可能取值是可以知道的，但它的确切值一般事先不知道，因此$B(t)$是与时间t有关的随机变量。设B_0、B_i分别为$t_0=0$、$t \neq 0$时的性能指标测试值。考虑到测试值一般不是整数，为了简化计算，乘以放大系数n，使其在测试精度内成为最小整数，即nB_0、nB_i。若先进树脂基复合材料经历时间t，具有性能$B(t)$，老化结果必将使得$B(t) \leq B_0$，由于$B(t)$具有随机性，因此$B(t)=B_i$的概率为：

$$P(t,\ nB_i)=p\{B(t)=B_i, t\}, nB_i \in \{0,1,2,\cdots, nB_0\} \qquad （4-12）$$

此外，设$k>0$是先进树脂基复合材料的老化速率参数，$o(\Delta t)$是关于时间增量Δt

的高阶无穷小量，即$\lim_{\Delta t \to 0} \dfrac{o(\Delta t)}{\Delta t}=0$。在时间区间$(0,t)$内，先进树脂基复合材料

性能指标下降$n(B_0-B_i)$个单位。如果时间增加Δt，那么在区间$(t,t+\Delta t)$内，先进树脂基复合材料性能下降一个单位，即nB_i-1的概率是$knB_i\Delta t+o(\Delta t)$。反之，性能下降小于一个单位的概率为$1-knB_i\Delta t+o(\Delta t)$。由于老化的缓慢性，故$\Delta t$很小时，其性能下降大于一个单位的概率显然是$o(\Delta t)$。于是先进树脂基复合材料在$t+\Delta t$时刻性能$B_i \geq 0$的概率为：

$$P(t+\Delta t,\ nB_i)=(1-knB_i\Delta t) P(t,\ nB_i)+k(nB_i+1)\Delta tP(t,\ nB_i+1)+o(\Delta t) \qquad （4-13）$$

整理式（4-13），并取$\Delta t \to 0$时的极限，导出下列微分方程：

$$\frac{dP(t, nB_i)}{dt}=-knB_iP(t, nB_i)+k(nB_i+1) P(t, nB_i+1), nB_i \in \{0, 1, 2, \cdots, nB_0\} \qquad （4-14）$$

由于在$t=0$时，先进树脂基复合材料的性能指标由测试获得，故$nB_i=nB_0$的概率等于1，而$nB_i \neq nB_0$的概率等于0。于是，得到微分方程式（4-14）的初始条件：

$$P(0, nB_i)=\begin{cases} 1, nB_i=nB_0 \\ 0, nB_i \neq nB_0 \end{cases} \qquad （4-15）$$

因此，式（4-14）应在初始条件式（4-15）下求解。

当$nB_1=nB_0$时，代入式（4-14），得

$$\frac{\mathrm{d}P(t,nB_1)}{\mathrm{d}t}=-knB_1P(t,nB_1) \qquad (4\text{-}16)$$

故$P(t,nB_1)=C_1\exp(-knB_1t)=C_1C_{nB_0}^{nB_1}\exp(-knB_0t)[\exp(kt)-1]^{n(B_0-B_1)}$
从初始条件$P(t,nB_1)=1$，$nB_1=nB_0$，可知$C_1=1$。

当$nB_2=nB_0-1$时，代入式（4-14），得：

$$\frac{\mathrm{d}P(t,nB_2)}{\mathrm{d}t}=-k(nB_0-1)P(t,nB_2)+knB_0P(t,nB_0) \qquad (4\text{-}17)$$

因此

$$P(t,nB_2)=\exp[-k(nB_0-1)t](\int knB_0\exp(-knB_0t)\exp(\int k(nB_0-1)\mathrm{d}t)\mathrm{d}t+C_2) \qquad (4\text{-}18)$$

从初始条件$P(0,nB_2)=0$，$nB_2\neq nB_0$，可知$C_2=nB_0$。将nB_0代入上式，并整理得：

$$P(t,nB_2)=C_{nB_0}^{nB_2}\exp(-knB_0t)[\exp(kt)-1]^{n(B_0-B_2)} \qquad (4\text{-}19)$$

于是，得到递推关系式：

$$P(t,nB_i)=\exp(-knB_it)\int k(nB_i+1)P(t,nB_i+1)\exp(\int(knB_i\mathrm{d}t)\mathrm{d}t+C_{nB_i}) \qquad (4\text{-}20)$$

根据数学归纳法，得到关于先进树脂基复合材料的性能与时间的概率分布函数为：

$$P(t,nB_i)=C_{nB_0}^{nB_i}\exp(-knB_0t)[\exp(kt)-1]^{n(B_0-B_i)} \qquad (4\text{-}21)$$

当nB_i确定后，可以证明式（4-21）存在关于时间的极大值。

现在由式（4-21）求在时间t时，先进树脂基复合材料性能指标平均值$\overline{B(t)}$的预测公式。

由于：

$$n\overline{B(t)}=E[nB(t)]=\sum_{nB_i=0}^{nB_0}nB_iC_{nB_0}^{nB_i}\exp(-knB_0t)\exp[(kt)-1]^{n(B_0-B_i)} \qquad (4\text{-}22)$$

令
$$z=\exp(kt)-1 \qquad (4\text{-}23)$$

代入上式，得：

$$n\overline{B(t)}=\exp(-knB_0t)(nB_0z^{(nB_0-1)}(1+(nB_0-1)z^{-1}+\frac{(nB_0-1)(nB_0-2)}{2!}z^{-2}+$$

$$\cdots))=\exp(-knB_0t)nB_0z^{(nB_0-1)}(1+z^{-1})^{(nB_0-1)} \qquad (4\text{-}24)$$

将$z=\exp(kt)-1$代入上式，整理得，$\overline{B(t)}$的预测公式为：

$$\overline{B(t)}=B_0\exp(-kt) \tag{4-25}$$

此外，设先进树脂基复合材料性能测试的试样数量为m；B_1，B_2，$\cdots$，B_m分别m为个试样经老化时间t后的测试值。根据极大似然估计法（MLE），得到参数k的对数似然函数为：

$$\ln L(k)=\ln\prod_{i=1}^{m}C_{nB_0}^{nB_i}\exp(-knB_0t)[\exp(kt)-1]^{n(B_0-B_i)} \tag{4-26}$$

整理式（4-26）可得到下列微分方程：

$$\frac{\mathrm{d}\ln L(k)}{\mathrm{d}k}=\sum_{i=1}^{m}\{-nB_0t+n(B_0-B_i)t\exp(kt)/[\exp(kt)-1]\} \tag{4-27}$$

解似然方程得老化速率参数为：

$$k=\frac{1}{t}\ln\frac{nB_0}{nB_i}=\frac{1}{t}\ln\frac{\overline{B_0}}{\overline{B_i}} \tag{4-28}$$

式（4-28）表明由先进树脂基复合材料本身性质及使用环境所决定，与n无关，把式（4-28）代入式（4-25），得到：

$$\overline{B(t)}=\overline{B_i} \tag{4-29}$$

式（4-29）从理论上说明，预测性能平均值和实测结果平均值相等。由此可知，任意t的预测值可用实测值验证。反之，式（4-25）确实可用来预测先进树脂基复合材料的性能。

4.1.2.2　先进树脂基复合材料热氧老化随机过程模型的验证与讨论

（1）先进树脂基复合材料热氧老化随机过程模型

公式（4-25）为指数模型（非线性），对非线性函数的处理办法通常是通过变换将其转化为线性函数，然后对线性函数进行检验。对式（4-25）两边取自然对数将其转化为下列线性模型：

$$\ln\overline{B(t)}=\ln B_0-kt \tag{4-30}$$

令$y=\ln\overline{B(t)}$；$a=\ln B_0$。上式变为：

$$y=a-kt \tag{4-31}$$

以如表4-1所示的层合试样和三维编织试样在不同老化温度下老化不同时间后测得的弯曲强度值来验证理论模型的正确性。

表4-1　层合试样和三维编织试样在不同老化温度下老化不同时间后测得的弯曲强度值

材料	老化温度/℃	老化时间/h	弯曲强度/MPa				
			1#	2#	3#	平均值	标准差
层合平纹碳布环氧复合材料	25	0	731.76	722.98	715.95	723.56	7.92
	80	168	712.48	704.65	693.65	703.59	9.46
	80	360	693.71	699.00	686.26	692.99	6.40
	80	720	686.09	679.82	672.66	679.52	6.72
	80	1200	658.84	673.48	664.55	665.62	7.38
	100	168	681.52	691.57	701.40	691.50	9.94
	100	360	675.57	683.74	667.04	675.45	8.35
	100	720	662.82	653.48	646.04	654.11	8.41
	100	1200	632.73	642.48	625.03	633.41	8.75
	120	168	668.71	677.24	687.38	677.78	9.35
	120	360	666.04	654.94	644.68	655.22	10.68
	120	720	626.49	633.71	616.55	625.58	8.62
	120	1200	595.39	591.59	604.03	597.00	6.37
	140	168	663.71	655.71	647.62	655.68	8.05
	140	360	632.94	609.62	624.68	622.41	11.82
	140	720	591.04	570.84	581.06	580.98	10.10
	140	1200	551.38	540.72	529.38	540.49	11.00
三维编织碳环氧复合材料	25	0	732.77	723.72	715.53	724.01	8.62
	80	168	715.48	708.65	702.65	708.93	6.42
	80	360	701.71	704.99	695.26	700.65	4.95
	80	720	694.09	691.82	685.66	690.52	4.36
	80	1200	676.84	682.48	678.55	679.29	2.89
	100	168	707.03	695.88	689.59	697.50	8.83
	100	360	696.15	675.33	680.54	684.01	10.83
	100	720	671.33	666.90	658.98	665.74	6.26
	100	1200	656.12	646.74	640.94	647.93	7.66
	120	168	684.88	674.59	695.85	685.11	10.63
	120	360	678.18	666.73	651.61	665.51	13.33

续表

材料	老化温度/℃	老化时间/h	弯曲强度/MPa				
			1#	2#	3#	平均值	标准差
三维编织碳环氧复合材料	120	720	649.37	629.69	639.22	639.43	9.84
	120	1200	614.22	602.69	622.62	613.18	10.01
	140	168	661.90	669.53	681.25	670.89	9.75
	140	360	630.38	642.62	659.00	644.00	14.36
	140	720	609.37	598.98	620.38	609.58	10.70
	140	1200	575.35	584.85	565.38	575.19	9.74

图4-1为用式（4-31）对三维四向编织碳/环氧复合材料在80℃、100℃、120℃和140℃下老化不同时间后的所有弯曲强度测试值进行拟合的结果。从图4-1（a）~（d）可以直观地看到四个温度下的实验值并没有均匀地分散在拟合直线两边，尤其是当$t=0$（即未老化的试样）时，图4-1（b）、（c）和（d）图中的拟合直线都偏离了实验值，而且都小于实验值。这与实际情况不相符，因为未老化的试样不可能出现性能的下降。从四个加速老化温度下的拟合直线调整后的R^2（相关系数的平方，当$R^2=1$时意味着预测值和实验值完全匹配）可以看到，所有的$R^2 \leqslant 0.90$，显然这一拟合结果不够理想。因此，需要对上述四个温度下的回归方程进行诊断，找出其"病症"所在。

以残差为纵轴而以拟合值或者其他量为横轴的图称为残差图。图4-2（a）~（d）为分别与图4-1（a）~（d）对应的回归直线的标准化残差图，也称为学生化残差图。从图4-2可以看到，四个温度下的残差并没有均匀地分布在中心线的两侧，而是呈现出一种中间向下凹陷的"症状"，这种"疾病"表明回归函数可能是非线性的，或者漏掉了一个或多个重要的回归自变量。因为先进树脂基复合材料在特定温度下的强度值只与老化时间有关，所以上述"病症"应该是弯曲强度的自然对数和老时间之间不是线性关系导致的，也即存在非线性关系。

针对自变量和因变量之间为非线性的问题，有很多解决办法，其中Box—

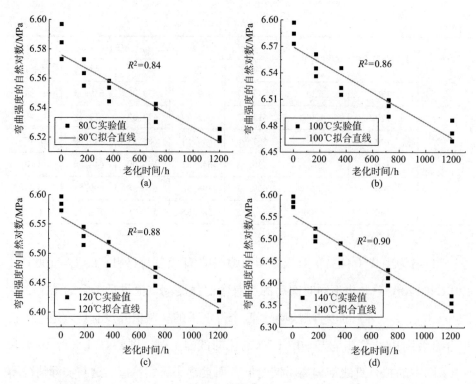

图4-1 用式（4-31）对三维四向编织碳/环氧复合材料在80℃、100℃、120℃和140℃下老化不同时间后的弯曲强度测试值进行拟合的结果

Cox变换是从综合角度考虑提出的一种"治疗方案"，在实际应用中效果比较好。因此，采用Box—Cox变换对式（4-31）进行"治疗"，经过Box—Cox变化后得到式（4-32）：

$$y = a - kt^\lambda \qquad (4-32)$$

式中：λ为一个待定变换参数。对不同的λ，所做的变换自然就不同，所以这是一个变换族。Box—Cox变换就是通过对参数的适当选择，达到对原来数据的"综合治理"，使其满足正态线性回归模型的所有假设条件。

采用逐次逼近法可以估计参数λ。求解准则是令的估计精确到小数点后两位数时式（4-33）的值最小。

$$I = \sum_{i=1}^{p} \sum_{j=1}^{m} (y_{ij} - \bar{y}_i)^2 \qquad (4-33)$$

式中：y_{ij}为在某一温度下第个老化时间点，第j个试样的实验值；$\bar{y}_i$为上述

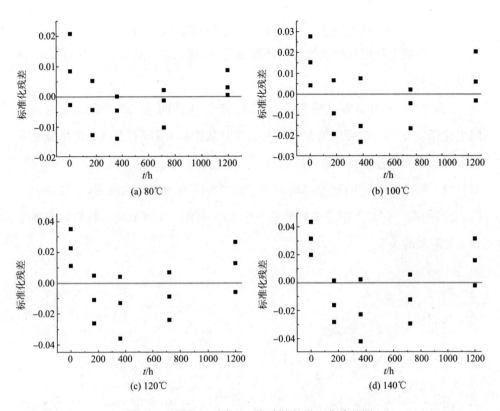

图4-2　与图4-1对应的回归直线的学生化残差图

老化温度下第i个老化时间点的预测值。

在λ为某一尝试值时，令式（4-32）中的$w=t^\lambda$。式（4-20）可以变换成如下的直线形式：

$$y=a-kw \tag{4-34}$$

按最小二乘法估计a和k。

$$k=\frac{\sum wy-\dfrac{\sum w\sum y}{m}}{w^2-\dfrac{w^2}{m}} \tag{4-35}$$

$$a=\frac{\sum y}{m}-k\frac{\sum w}{m} \tag{4-36}$$

在求得a后可以反推求得B_0，于是：

$$I=\sum_{i=1}^{p}\sum_{j=1}^{m}(y_{ij}-\bar{y_i})^2=\sum_{i=1}^{p}\sum_{j=1}^{m}[y_{ij}-B_0\exp(-kt^\lambda)]^2 \qquad (4\text{-}37)$$

在计算机上利用SPSS软件根据计算准则I对λ进行尝试计算，计算得到λ的最佳值都为0.56。

图4-3为λ=0.56，并且按照式（4-34）将三维四向编织碳/环氧复合材料不同老化温度下的弯曲强度值拟合后的结果。从图4-3可以看到四个老化温度下的实验值都均匀分布在拟合直线的两边，而且R^2都大于0.90。此外，从图4-4可以看到，每个温度下的残差都均匀分布在中心线的两侧。这说明，经过Box—Cox变换的式（4-32）能够很好地刻画三维四向编织碳/环氧复合材料弯曲强度和老化时间的关系。

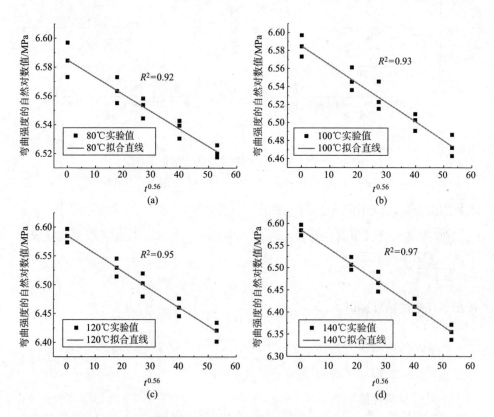

图4-3 用式（4-32）对三维四向编织碳/环氧复合材料在80℃、100℃、120℃和140℃下老化不同时间后的弯曲强度测试值进行拟合的结果

将式（4-32）还原为某一温度下的性能预测模型，如式（4-38）所示。

式（4-38）就变为式（4-25）的形式，也即随机过程推出的性能预测模型式（4-25）是式（4-38）的一种特例，也可以说式（4-38）是一种更大类的随机过程模型，这里我们将其称作为先进树脂基复合材料热氧老化的"改进型随机过程模型"。

$$\overline{B(t)} = B_0 \exp(-kt^\lambda) \qquad （其中 \lambda \neq 0） \qquad （4\text{-}38）$$

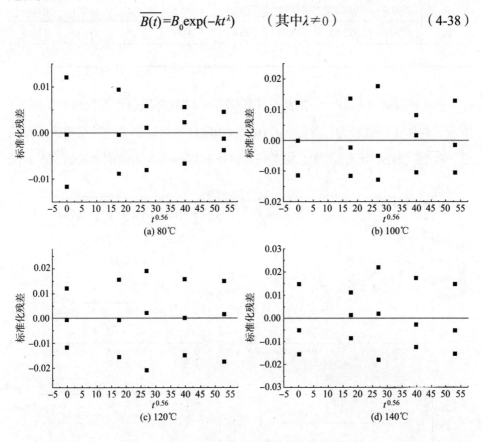

图4-4 与图4-3对应的回归直线的标准化残差图

在建立"改进型随机过程模型"时没有对先进树脂基复合材料的增强体结构加以限制，所以"改进型随机过程模型"应该也适用于任何增强体结构增强的树脂复合材料性能与寿命预测。利用上述拟合三维四向编织碳/环氧复合材料数据的方法来处理层合平纹碳布/环氧复合材料各老化温度下的数据。表4-2是利用式（4-35）~式（4-37）进行计算而得到的"改进型随机过程模型"中的参数值。

表4-2　三维四向编织碳/环氧复合材料和层合平纹碳布/环氧复合材料各温度下的
老化速率常数和强度初始值

常数	层合复合材料加速老化温度/K				三维编织复合材料加速老化温度/K			
	353	373	393	413	353	373	393	413
k	0.0017	0.0027	0.0039	0.0059	0.0012	0.0021	0.0031	0.0043
B_0	723.63	723.50	723.52	723.63	724.00	723.88	723.52	724.09
$\overline{B_0}$	723.57				723.87			

用$\overline{B_0}$代替式（4-38）中的B_0，并用Origin 8.0软件进行作图，结果如图4-5所示。具体作图过程为：首先，在Origin8.0软件中自定义"改进型随机过程模型"$\overline{B}(t)=B_0\exp(-kt^\lambda)$；其次，将某一温度下获得的所有实验值画成散点图；最

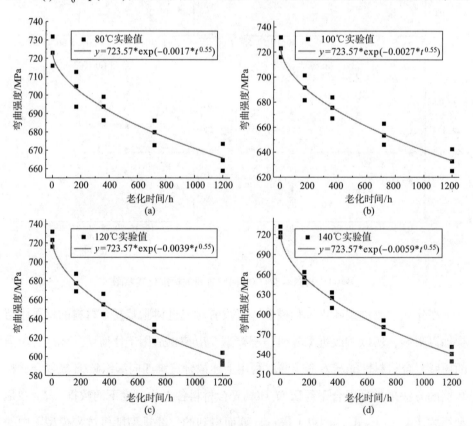

图4-5　用式（4-38）对层合平纹碳布/环氧复合材料在80℃、100℃、120℃和140℃下
老化不同时间后的弯曲强度测试值进行拟合的结果

后选择非线性拟合，将求得的每个温度下的参数k，$\overline{B}_0$以及λ的值作为初始值，并将其固定，然后选择Fit按钮作图。

从图4-5可以看到，实验数据很好地分布在拟合曲线的两侧，这说明"改进型随机过程模型"也适合层合平纹碳布/环氧复合材料性能与寿命的预测。将三维四向编织碳/环氧复合材料各温度下的弯曲强度也采用与层合平纹碳布/环氧复合材料相同的方法在Origin 8.0中进行作图，结果如图4-6所示。

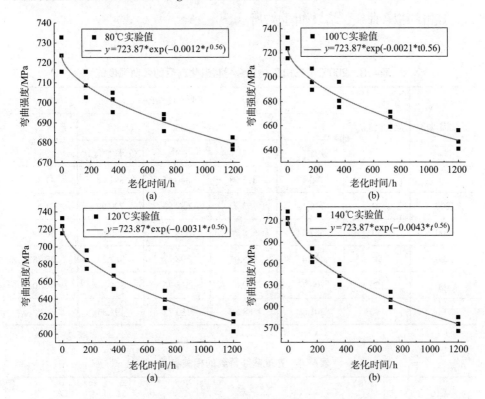

图4-6　用式（4-38）对三维四向编织碳/环氧复合材料在80℃、100℃、120℃和140℃下老化不同时间后的弯曲强度测试值进行拟合的结果

（2）先进树脂基复合材料热氧老化随机过程模型验证。从"改进随机过程模型"建立先进树脂基复合材料的老化模型时无须考虑增强纤维的种类和增强体结构，只需知道材料在特定环境下的老化参数，而老化参数可以通过实验获得，因此，可以用来预测不同增强结构的先进树脂基复合材料在热氧老化前后的剩余强度，之后与实验室进行对比，以验证"改进随机过程模型"建立先

进树脂基复合材料的老化模型的可行性。

表4-3为三向正交复合材料在200℃条件下进行了不同时间的老化后的弯曲强度数据。采用式（4-31）对老化120天内的数据进行线性拟合，根据I准则不断逼近求得λ，得到的具体数据如表4-4所示。首先，将实验得到的弯曲强度数据输入Origin 8.5软件中绘制散点图；其次，在软件中采用式（4-38）对数据进行非线性拟合；最后，将各时间段计算得到的参数值k，λ和$\overline{B}_0$作为初始值输入，点击Fit拟合曲线，结果如图4-7所示。

表4-3　200℃下三向正交复合材料老化前后的弯曲强度值

老化温度/℃	老化时间/天	弯曲强度/MPa				
		B_0				标准差
		$1^{\#}$	$2^{\#}$	$3^{\#}$	平均值	
25	0	749.13	815.08	840.85	801.68	47.30
200	10	719.55	753.22	689.93	720.90	31.67
200	30	587.54	628.25	556.28	590.69	36.09
200	90	408.47	355.01	398.27	387.25	28.38
200	120	290.73	309.65	318.76	306.38	14.30
200	180	201.82	188.50	183.72	191.35	9.38

表4-4　外推曲线得到的相关参数

老化时间	λ	k	B_0	R^2
120天	0.85003	0.01619	801.68	0.97434

用式（4-31）对200℃老化120天的试验数据进行拟合后的相关系数R^2为0.97434。相关系数大于0.95，因此认为实验值和预测值有很强的相关性。所以，该"改进随机过程模型"可以预测一定条件下先进树脂基复合材料的性能值。因此，可以得到，在200℃下老化时间和弯曲强度预测模型为：

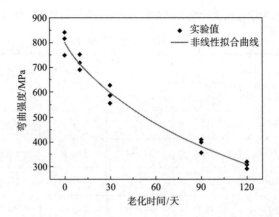

图4-7　用式（4-32）对三向正交复合材料在200℃老化120天内的弯曲强度实验值拟合的结果

$$B(t) = 801.68\exp(-0.01619t^{0.85003}) \tag{4-39}$$

用上式对200℃老化180天的弯曲强度进行了预测，并与实验值进行了对比，具体数据如表4-5所示。预测误差的计算如式（4-40）所示：

$$预测误差 = \frac{预测值-实测值}{实测值} \times 100\% \tag{4-40}$$

可以看到，预测误差小于10%，说明了该模型具有一定的可靠性。

表4-5　用随机过程理论计算的预测值与实验值的对比

预测值/MPa	实验值/MPa	预测误差/%
210.44	191.35	9.97

此外，使用"改进随机过程模型"来预测面内准各向同性编织复合材料在200℃下老化180天的剩余弯曲强度，并与实验值进行对比。表4-6为三向正交复合材料在200℃条件下进行了不同时间的老化后的弯曲强度数据。采用式（4-31）对编织复合材料在200℃条件下老化120天内的弯曲强度进行线性拟合，用逐次逼近法求得λ，得到的具体数据如表4-7所示。

表4-6　面内准各向同性编织复合材料和层合复合材料在不同老化温度下
老化不同时间后测得的弯曲强度值

| 老化温度/℃ | 老化时间/天 | 弯曲强度/MPa | | | | 标准差 |
| | | B_0 | | | | |
		1#	2#	3#	平均值	
25	0	366.3	349.34	370.24	361.96	9.07
200	10	336.59	328.41	338.90	334.63	4.50
200	30	269.03	317.59	292.64	293.09	19.83
200	90	231.48	208.72	183.78	207.99	19.48
200	120	198.50	179.28	182.18	186.65	8.46
200	180	152.68	137.27	159.90	149.95	9.44

表4-7　外推曲线得到的相关参数

老化时间	λ	k	B_0	R^2
120天	0.79	0.01327	361.96	0.94919

　　然后先以老化120天内的弯曲强度为纵坐标，老化时间为横坐标，使用Origin8.5软件绘制散点图。之后将式（4-38）代入λ和B_0的值后进行非线性拟合，结果如图4-8所示。拟合后的相关系数R^2为0.9596，实验值几乎都均匀分布在拟合曲线两侧，说明此拟合结果较为理想。因此，面内准各向同性编织复合材料在200℃条件下老化120天的强度预测模型即为：

$$B(t) = 361.96\exp(-0.01402t^{0.79}) \tag{4-41}$$

　　之后用式（4-41）预测面内准各向同性编织复合材料在200℃条件下老化180天后的弯曲强度进行预测，并与实验值进行了对比。具体数值如表4-8所示，拟合曲线如图4-9所示。可以看到预测误差为3.26%，且实验值均匀分布在拟合曲线两侧，说明使用"改进型随机过程模型"进行树脂基复合材料老化后的强度预测是一种可行的方法。

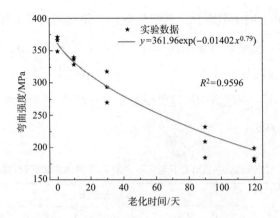

图4-8　用式（4-41）对编织复合材料在200℃条件下
老化120天内的弯曲强度测试值进行拟合的结果

表4-8　用改进型随机过程理论计算的预测值与实验值的对比

预测值/MPa	实验值/MPa	预测误差/%
149.95	155.01	3.26

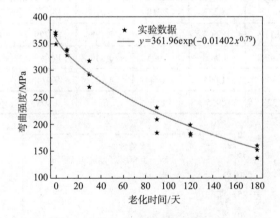

图4-9　用式（4-41）对编织复合材料在200℃条件下
老化不同时间后的弯曲强度测试值进行拟合的结果

　　此外，使用"改进随机过程模型"来拟合碳纤维/双马树脂界面在200℃下老化180天的剩余强度（由横向纤维束拉伸实验测得）。表4-9为横向纤维束拉伸试样在200℃下老化不同时间后测得的碳纤维/双马树脂界面强度值。采用式（4-31）对200℃条件下老化180天内的碳纤维/双马树脂界面强度进行线性拟合，即以老化180天内的界面强度为纵坐标，老化时间为横坐标，使用Origin8.5软件绘制散点图。之后进行非线性拟合，结果如图4-10所示。拟合后的相关系数R^2为0.90，实验值几乎都均匀分布在拟合曲线两侧，说明此拟合结果较为理想。这代表着使用"改进型随机过程模型"进行纤维/树脂界面老化后的强度预测是一种可行的方法。

表4-9　横向纤维束拉伸试样在200℃下老化不同时间后测得的碳纤维/双马树脂界面强度值

老化时间/天	界面强度/MPa					平均值	标准差
	$1^{\#}$	$2^{\#}$	$3^{\#}$	$4^{\#}$	$5^{\#}$		
0	36.934	36.599	27.565	30.151	27.753	31.800	4.157
1	30.510	32.983	23.989	31.710	26.446	29.128	3.377
3	27.184	23.198	28.649	27.821	30.174	27.405	2.330
5	19.949	20.790	25.458	29.480	28.985	24.932	3.984
7	25.768	26.074	21.064	22.519	18.280	22.741	2.934
9	27.215	17.748	16.548	23.033	24.328	21.774	4.031
10	21.195	25.533	22.718	18.018	18.133	21.119	2.849
30	19.119	18.568	12.993	15.195	18.729	16.921	2.417
90	12.498	9.065	17.006	13.346	12.999	12.983	2.526
120	6.406	11.695	4.054	14.121	9.074	9.070	3.596
180	7.323	3.965	4.856	7.633	4.805	5.716	1.476

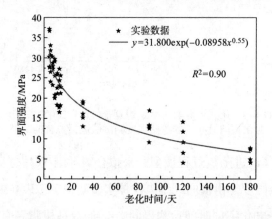

图4-10　用"改进型随机过程模型"对碳纤维/双马树脂界面在200℃条件下
老化不同时间后的强度测试值进行拟合的结果

4.1.2.3　先进树脂基复合材料老化速率常数与老化温度的类Arrhenius模型

"改进型随机过程模型"是在某一确定温度下，先进树脂基复合材料性能评定参数B与老化时间t的二元统计模型，然而要想得到先进树脂基复合材料室温下的储存寿命，也即将高温加速老化下得出的规律外推到自然状态下，就必须建立老化速率常数与老化温度T的（$k-T$）二元模型。Arrhenius方程是描述化学反应速率常数与温度T之间定量关系的数学表达式，它是高温加速老化的理论依据。因为聚合物的热氧老化速率常数与温度之间的关系符合Arrhenius方程，而热氧老化对先进树脂基复合材料性能的影响主要是通过对基体聚合物的老化实现的，所以先进树脂基复合材料的老化速率常数与温度之间也应该符合类似Arrhenius的方程。

先进树脂基复合材料热氧加速老化速率与温度的关系服从如下的类Arrhenius方程形式：

$$k=A\exp\left(-\frac{D}{T}\right) \tag{4-42}$$

式中：A，D为常数；T为热力学温度，k为老化速率常数。

对式（4-42）两边取对数得式（4-43）：

$$\ln k=\ln A-\frac{D}{T} \tag{4-43}$$

令$W=\ln k$，$E=\ln A$，$X=\dfrac{1}{T}$，上式可以改写为：

$$W=E-DX \tag{4-44}$$

用各温度下的老化速率常数k值（表4-1）对式（4-44）进行线性相关性检验（γ检验）。先查相关系数表，以置信概率为99%，自由度=-2查得的γ_b值与计算求得的γ值比较。如果$|\gamma|>\gamma_b$，则X与W的线性关系成立；如果$|\gamma|<\gamma_b$，则X与Y的线性关系不成立，证明选择的老化数学模型不合适。

相关系数γ计算如下：

$$\gamma = \frac{\sum wx - \dfrac{\sum w \sum x}{p}}{\sqrt{[w^2 - \dfrac{(\sum w)^2}{p}][\sum x^2 - \dfrac{(\sum x)^2}{p}]}} \tag{4-45}$$

w的标准偏差为：

$$S_w = S \cdot \sqrt{1 + \frac{1}{p} + \frac{(X_0 - \overline{X})^2}{[\sum x^2 - \dfrac{(\sum x)^2}{p}]^2}} \tag{4-46}$$

式中：

$$S = \sqrt{\frac{(1-r^2)[\sum w^2 - \dfrac{(\sum w)^2}{p}]}{p-2}} \tag{4-47}$$

则W的置信区间的上限为：$W = E - DX + \tau S_w$，式中τ可以通过自由度（$df = p-2$）和显著性水平为0.05时的单侧界限表查出，为2.920。

由最小二乘法和式（4-45）、式（4-46）分别计算得到E，D，γ和S_w和的值如表4-10所示。

表4-10 三维四向编织碳/环氧复合材料和层合平纹碳布/环氧复合材料线性
相关性统计分析的参数值

层合平纹碳布/环氧复合材料				三维四向编织碳/环氧复合材料			
E	D	γ	S_w	E	D	γ	S_w
2.0859	2988.15	−0.9993	0.0250	2.0604	3087.71	−0.9968	0.0534

相关系数表中显著水平为0.01，自由度为2（$df = p-2$）时$\gamma_b = 0.990$。表4-10中层合平纹碳布/环氧复合材料和三维四向编织碳/环氧复合材料的绝对值都大于0.990，说明两种复合材料的老化速率常数和老化温度都满足式（4-44）的线性关系，也即两种复合材料的老化速率常数和老化温度之间的关系服从式（4-42）的类Arrhenius方程。图4-11和图4-12分别为层合平纹碳布/环氧复合材料和

三维四向编织碳/环氧复合材料老化速率与老化温度的拟合直线。从图中可以看到实验值很好地落在了拟合直线上或者均匀分布在拟合直线的两边。

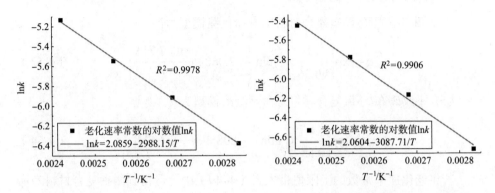

图4-11　层合平纹碳布/环氧复合材料　　　图4-12　三维四向编织碳/环氧复合材料
　　老化速率与老化温度之间的关系　　　　　老化速率与老化温度之间的关系

层合平纹碳布/环氧复合材料的置信区间的上限为：

$$\ln k = 2.0859 - 2988.15/T + 2.290 \times 0.0250 \tag{4-48}$$

三维四向编织碳/环氧复合材料的置信区间的上限为：

$$\ln k = 2.0604 - 3087.71/T + 2.290 \times 0.0534 \tag{4-49}$$

4.1.2.4　三维四向编织碳/环氧复合材料和层合平纹碳布/环氧复合材料热氧老化下的储存寿命

通过4.2.2和4.2.3的分析可知，先进树脂基复合材料在热氧老化下的性能预测模型（B—t—T）为下式：

$$\overline{B(t)} = B_0 \exp(-A \mathrm{e}^{\frac{-D}{T}} \cdot t^\lambda) \tag{4-50}$$

将上式t反解出来即可获得CFPMCs的寿命预测模型：

$$t = \exp\left\{\frac{1}{\lambda}\left[\ln\ln\frac{B_0}{B(t)} - \ln A + \frac{D}{T}\right]\right\} \tag{4-51}$$

因为保留率$\varepsilon = \dfrac{\overline{B(t)}}{B_0}$，所以上式可以改写为：

$$t = \exp\left[\frac{1}{\lambda}\left(\ln\ln\frac{1}{\varepsilon} - \ln A + \frac{D}{T}\right)\right] \tag{4-52}$$

将之前求得的三维四向编织碳/环氧复合材料和层合平纹碳布/环氧复合材

料的参数带入式（4-52）可得到三维四向编织碳/环氧复合材料和层合平纹碳布/环氧复合材料的寿命预测模型。

三维四向编织碳/环氧复合材料的寿命预测模型为：

$$t=\exp\left[\left(\frac{1}{0.56}\times\left(\ln\ln\frac{1}{\varepsilon}-2.0604+\frac{3087.71}{T}\right)\right)\right] \quad （4-53）$$

层合平纹碳布/环氧复合材料寿命预测的模型为：

$$t=\exp\left[\frac{1}{0.55}\times\left(\ln\ln\frac{1}{\varepsilon}-2.0859+\frac{2988.15}{T}\right)\right] \quad （4-54）$$

若将老化速率常数的上限值带入式（4-49）中，可得到两种复合材料寿命下限的预测模型。

三维四向编织碳/环氧复合材料寿命下限的预测模型为：

$$t=\exp\left[\frac{1}{0.56}\times\left(\ln\ln\frac{1}{\varepsilon}-2.0604+\frac{3087.71}{T}-2.290\times0.0534\right)\right] \quad （4-55）$$

层合平纹碳布/环氧复合材料寿命下限的预测模型为：

$$t=\exp\left[\frac{1}{0.55}\times\left(\ln\ln\frac{1}{\varepsilon}-2.0859+\frac{2988.15}{T}-2.290\times0.0250\right)\right] \quad （4-56）$$

此时可以用式（4-53）~式（4-56）去外推计算三维四向编织碳/环氧复合材料和层合平纹碳布/环氧复合材料的室温储存寿命。在做室温储存寿命实验时需要做以下基本假设：

（1）在实验温度至常温区间内先进树脂基复合材料的老化机理相同，储存过程中所选定的老化性能评定参数值的变化速率只受温度影响，与其他因素无关。

（2）老化过程中材料的老化速率与温度的关系服从类Arrhenius方程的形式。

在储存条件下$T_{储存}=298K$，根据先进树脂基复合材料的实际使用要求，若以弯曲强度保留率0.7作为先进树脂基复合材料储存时的性能临界值，按照式（4-53）~式（4-56）可计算得到三维四向编织碳/环氧复合材料和层合平纹碳布/环氧复合材料的室温储存寿命，如表4-11所示。

表4-11　三维四向编织碳/环氧复合材料和层合平纹碳布/环氧复合材料的室温储存寿命

材料	平均寿命/年	寿命下限/年
三维四向编织碳/环氧复合材料	49.62	39.86
层合平纹碳布/环氧复合材料	32.68	29.45

从表4-11可以看到三维四向编织碳/环氧复合材料的平均储存寿命和储存寿命下限分别比层合平纹碳布/环氧复合材料约长17年和10年。这一结果与在相同的高温加速老化下三维四向编织碳/环氧复合材料的弯曲强度保留率总是大于层合平纹碳布/环氧复合材料的结果相一致，说明用三维四向编织预制件增强的先进树脂基复合材料具有更强的耐热氧稳定性。

4.1.3　三维四向编织碳/环氧复合材料和层合平纹碳布/环氧复合材料储存寿命的可靠性计算

以弯曲强度保留率为失效指标，热氧加速老化作用下三维四向编织碳/环氧复合材料和层合平纹碳布/环氧复合材料的储存寿命计算出后，预估的储存寿命可靠性有多高是另一个需要解决的问题。

工程建设和工业产品的安全可靠是工程技术设计的主要目的。在工程设计中使用安全系数以及对工业产品合格率的估算方法，在很长时期内，都停留在确定性的概念上，没有考虑事物的不确定性，因而不能反映设计和产品的可靠性。近二十年来，在许多工程技术中，已逐渐扬弃旧的安全系数的概念和估算方法，而代之以建立在概率论基础上的可靠性分析方法，这是近代工程技术的重要发展。

一个工程设计总具有"供给"和"需求"两个方面，而这两个方面都是具有不确定性的。设计的目的就是在一定的经济条件下，在规定的时间内，使具有不确定性的"供给"能在一定的概率保证下满足具有不确定性的"需求"。例如，先进树脂基复合材料在使用过程中要承受各种载荷，而载荷是具有不同程度的不确定性的，载荷就是"需求"；而先进树脂基复合材料的各种抗力，由于材料性能和尺寸等具有不确定性，因而抗力也具有不确定性，抗力就是"供给"。

设以随机变量$B(t)$代表抗力，以随机变量B_m代表载荷，则：

$$P_s = P[B(t) \geqslant B_m] \qquad (4\text{-}57)$$

称P_s为安全概率（也可称为保证率和可靠度）；同理，则

$$P_f = P[B(t) < B_m] \qquad (4\text{-}58)$$

P_f称为失效概率（或风险率）；显然，P_s与P_f有互补关系：

$$P_s + P_f = 1 \qquad (4\text{-}59)$$

针对先进树脂基复合材料储存寿命的可靠度计算来说，采用所选定的老化性能评定参数的临界值B_{cr}代表载荷B_m（为简化计算量，这里将B_{cr}作为确定性量来考虑），该参数的现状值代表抗力$B(t)$，这里假设它受多个随机变量的影响，且是一个连续性随机变量，其理论概率密度函数为$f_t[B(T, t)]$，那么可定义：

$$R_{t,\,B_{cr}} = P_s = P[B(T, t) \geqslant B_{cr}] = \int_{B_{cr}}^{\infty} f_t[B(T, t)]\mathrm{d}B \qquad (4\text{-}60)$$

这里的$R_{t,\,B_{cr}}$表示对于确定的老化性能评定参数临界值B_{cr}，先进树脂基复合材料在贮存温度T、储存时间t后的安全概率，也称可靠度。同理，也可以求出P_f，这里不讨论。

先进树脂基复合材料在测试力学性能参数弯曲强度初始值时，是从一大批先进树脂基复合材料中随机抽取出来的，各次测试的先进树脂基复合材料的弯曲强度的结果也不会完全相同，其差别也是随机的，但其多次测定结果服从正态分布，设其均值为$\overline{B_0}$，标准差为$\overline{B_0}$，则其分布密度函数形式为：

$$f(u) = \frac{1}{\sqrt{2\pi}\sigma_0} \exp\left[-\frac{(B_0 - \overline{B_0})^2}{2\sigma_0^2}\right] \qquad (4\text{-}61)$$

先进树脂基复合材料在储存老化t时间后，其弯曲强度的均值为：

$$\overline{B(t)} = B_0 \exp(-kt^\lambda) \qquad (4\text{-}62)$$

由式（4-62）可以看出，其右边项为随机变量，左边项必然也为随机变

量，即$B(t)$是随时间变化的随机变量，并且$B(t)$的分布取决于$\overline{B_0}$的分布。B_0服从正态分布，故$B(t)$也服从正态分布，其均值和标准差分别为：

$$\overline{B(t)} = \overline{B_0}\exp(-kt^\lambda) \qquad (4\text{-}63)$$

$$\delta(t) = \delta_0\exp(-kt^\lambda) \qquad (4\text{-}64)$$

已知随老化时间的延长，三维四向编织碳/环氧复合材料和层合平纹碳布/环氧复合材料的弯曲强度保留率不断降低，弯曲强度大于临界值的概率即为可靠度，用下式表示：

$$R(t) = P[B(t) > B_{cr}] = \int_{B_{cr}}^{\infty} \frac{1}{\sqrt{2\pi}\delta(t)} \exp\left[-\frac{B(t) - \overline{B(t)}}{2\delta(t)^2}\right] dB$$

$$= 1 - \Phi\left[\frac{B_{cr} - \overline{B_0}\exp(-kt^\lambda)}{\delta_0\exp(-kt^\lambda)}\right] \qquad (4\text{-}65)$$

根据式（4-65）就可以计算三维四向编织碳/环氧复合材料和层合平纹碳布/环氧复合材料给定储存寿命的可靠度。常温25℃热氧老化条件下三维四向编织碳/环氧复合材料老化反应速率常数为：

$$k = A\exp\left(-\frac{D}{T}\right) = 7.8491\exp\left(-\frac{3087.71}{298}\right) = 0.000248257 \qquad (4\text{-}66)$$

常温25℃热氧老化条件下三维四向编织碳/环氧复合材料储存49.62年的可靠度为：

$$R(49.62 \times 365 \times 24) = 1 - \Phi\left[\frac{B_{cr} - \overline{B_0}\exp(-kt^\lambda)}{\delta_0\exp(-kt^\lambda)}\right]$$

$$= 1 - \Phi\left\{\frac{723.87 \times 0.7 - 724.01\exp[-0.000248257 \times (49.62 \times 365 \times 24)^{0.56}]}{8.62\exp[-0.000248257 \times (49.62 \times 365 \times 24)^{0.56}]}\right\}$$

$$= 1 - \Phi(-0.02)$$

由正态分布表得，所以常温25℃热氧老化条件下三维四向编织碳/环氧复合材料储存49.62年的可靠度为0.5080。

根据上述方法，计算了热氧加速老化条件下三维四向编织碳/环氧复合材料和层合平纹碳布/环氧复合材料给定储存寿命的可靠度，结果如表4-12所示。

表4-12　三维四向编织碳/环氧复合材料和层合平纹碳布/环氧复合材料给定储存寿命的可靠度

材料	储存寿命/年	可靠度
三维四向编织碳/环氧复合材料	49.62	0.5080
三维四向编织碳/环氧复合材料	39.86	0.9997
层合平纹碳布/环氧复合材料	32.68	0.5000
层合平纹碳布/环氧复合材料	29.45	0.9633

4.2　有限元预测模型

4.2.1　有限元论述

4.2.1.1　有限元简介

有限元分析（Finite element analysis，FEA）是利用数学近似的方法对真实物理系统（几何和载荷工况）进行模拟的一种方法。特点在于利用简单而又相互作用的有限数量的未知量，即单元，就可以逼近无限未知量的真实系统。它是20世纪50～60年代兴起的一种计算力学的重要方法，涉及应用数学、现代力学及计算机科学的相互渗透和综合利用。对于传统方法无法求解边界条件及结构形状不规则等复杂问题，有限元法是一种十分有效的分析方法。

4.2.1.2　有限元原理

有限单元法（Finite element method，FEM），也称为有限元法或有限元素法，是将所探讨的这个工程系统（Engineering system）等价转化为一个有限元系统（Finite element system），这个有限元系统由节点（Node）及单元（Element）组合而成，组合成的系统模型取代原有的工程系统进行求解分析。有限元法用于求解复杂的弹性力学和结构力学方程式，它的基本思想是将求解区域离散为一组有限个，且按一定方式相互连接在一起的单元的组合体，单元之间通过节点相连，每个单元被看作是一个整体。单元内部任意位置的待求量只能够由单元节点上的求解值通过选定的函数关系插值得到。由于设定的单元形状简单，因此易于从平衡关系和能量关系建立节点量的方程式，通过求解所有这些单元方程组合成的一个总体代数平衡方程组，最终获得复杂模型的近似数值解。显而易见的是，单元越小，其结果也就会越接近实际，但是同时计算量也就越大，所需要耗费的计算时间也越多，所以要根据具体情况划分合适的单元数。而得益于电子计算机技术的迅猛发展，有限元法成为现代社会中一种不可或缺的计算方法。有限元法主要是根据变分原理求解数学物理问题的数值计算方法，是工程方法和数学方法相结合的产物，可以求解许多过去用解析方法无法求解的问题。更重要的是，它对于解决复杂几何结构和边界问题更具优势，而且结果更接近真实情况。它能准确地反映计算对象在实际应用环境中的受力情况，不仅可以在设计中节约原材料，还能够优化材料结构而使其更合理，确保部件（特别是高速运动或者主要承载部件）的安全性，是一种先进的方法。

有限元分析方法的主要步骤如下。

（1）整体系统的离散化：也就是将给定需要分析的物理系统等价地分割成有限个单元系统。

（2）选择位移模型：假设的位移函数或模型只是近似地表示了真实位移分布。通常假设位移函数为多项式，其中最简单的情况为线性多项式。笔者所要做的是选择多项式的阶次，以使其在可以接受的计算时间内达到足够的精度。

（3）用变分原理推导单元刚度矩阵：刚度矩阵k、节点矢量f和节点位移矢量q的平衡关系表示为线性代数方程组：$kq=f$。

（4）整合整个离散化连续体的代数方程：即把各个单元的刚度矩阵集合成整个连续体的刚度矩阵，把各个单元的节点力矢量集合为总的力和载荷矢量。

（5）求解位移矢量：即求解上述代数方程，在求解的每一步都要修正刚度矩阵和载荷矢量。

（6）由节点位移计算出单元的应变和应力。

然而，在实际工作中，上述有限元分析步骤只是在计算机软件中处理的步骤，要完成实际工程分析，还需要更多的前处理和后处理，完整的有限元分析流程图如图4-13所示。

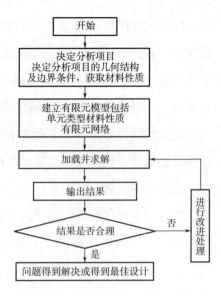

图4-13　有限元分析整体流程图

4.2.2　有限元的发展及应用

4.2.2.1　有限元的发展

有限元法由科学家R.Courant在1943年首次提出。自从提出有限元概念以来，有限元理论及其应用得到了迅速发展。使过去不能解决或能解决但求解精度不高的问题，都得到了新的且有效的解决方案，为社会的发展做出了极大的贡献。在传统的FEM假设中，一般认为分析域是无限的，材料是同质的（甚至在大部分的分析中认为材料是各向同性的），对边界条件进行简化处理。但实际问题往往与之相悖，其分析域是有限的、材料大部分为各向异性以及边界条件难以确定等。为解决这类问题，大量学者致力于这方面研究，如美国研究员提出用广义有限元法（Gener-alized Finite Element Method，GFEM）解决分析域内含有大量孔洞特征的问题；比利时学者提出用（ the Hybrid metis Singular element of Membraneplate，HSM）解决实际开裂问题。

在FEM应用领域不断扩展、求解精度不断提高的同时，FEM也从分析比较向优化设计方向发展。印度Mahanty博士用ANSYS对拖拉机前桥进行优化设计，结果不但降低了约40%的前桥自重，还避免了在制造过程中的大量焊接工艺，大大节约了生产成本。与此同时，FEM在国内的应用也十分广泛。自从我国成功开发了国内第一个通用有限元程序系统JIGFEX后，有限元法就渗透到工程分析的各个领域中，大到三峡工程，小到微纳米级元器件都采用FEM进行分析，具有极为广阔的发展前景。

目前在进行大型复杂工程结构中的物理场分析时，为了估计并控制误差，常用基于后验误差估计的自适应有限元法。基于后处理法计算误差，与传统算法不同，将网格自适应过程分成均匀化和变密度化两个迭代过程。在均匀化迭代过程中，采用均匀网格尺寸对整体区域进行网格划分，以便得到一个合适的起始均匀网格；在变密度化迭代过程中只进行网格的细化操作，并充分利用上一次迭代的结果，在单元所在的曲边三角形区域内部进行局部网格细化，保证了全局网格尺寸分布的合理性，使得不同尺寸的网格能光滑衔接，从而提高网格质量。整个方案简单易行，稳定可靠，数次迭代即可快速收敛，生成的网格布局合理，质量高。

4.2.2.2 有限元的应用

起初，有限元法主要应用于求解结构的平面问题。发展至今，已由二维问题扩展到三维问题、板壳问题；由静力学问题扩展到动力学问题、稳定性问题；由结构力学扩展到流体力学、电磁学、传热学等学科；由线性问题扩展到非线性问题；由弹性材料扩展到弹塑性、塑性、黏弹性、黏塑性和复合材料；从航空技术领域扩展到航天航空、机械制造、水利工程、造船、电子技术及原子能等；由单一物理场的求解扩展到多物理场的耦合。其应用的广度和深度都得到了极大的拓展。

（1）在生物医学中的应用。在对人体力学结构进行力学研究时，力学实验几乎无法直接进行，这时用有限元数值模拟力学实验的方法恰成为一种有效手段。利用有限元力学分析，可以改良医疗器械的力学性能以及优化器械的设计。除了实验方法外，利用有限元法对器械进行的模拟力学实验具有时间短、费用少、可处理复杂条件、力学性能测试全面及其重复性好等优点。另外，还可进行优化设计，指导对医疗器械的设计及改进，以获得更好的临床疗效。利用有限元软件的强大建模功能及其接口工具，可以很逼真地建立三维人体骨骼、肌肉、血管、口腔、中耳等器官组织的模型，并能够赋予其生物力学特性。在仿真实验中，对模型进行实验条件仿真，模拟拉伸、弯曲、扭转、抗疲劳等力学实验，可以求解在不同实验条件下任意部位的变形，应力、应变分布，内部能量变化及极限破坏情况。目前有限元法在国内已经得到了普遍应用，并取得了大量的成就。然而与国外生物力学中有限元的应用情况相比，国内的有限元工作依然有一定差距，所以在有限元的研究中，为解决实际的临床问题仍然需要不懈的努力。

（2）在激光超声研究中的应用。在激光热弹机制激发超声的理论研究工作中，大部分工作在求解热传导和热弹方程过程中采用解析计算方法，在数值计算中主要采用显式或隐式有限差分法，而这些文献工作都局限在板材上，当脉冲激光非轴对称地照射到管状材料表面时，用这些方法求解都非常困难。另外，在激光作用过程中，由于温度的变化，材料的热物理性能也随之发生变化，以上所有的解析方法都无法应用于实际情况。而在数值计算中，有限元方法能够灵活处理复杂的几何模型并且能够得到全场数值解，另外有限元模型能够考虑材料参数随温度变化的实际情况。

（3）在机电工程中的应用。在电机中，电流会使绕组发热，涡流损耗和磁滞损耗会使铁芯发热。温度分布不均造成的局部过热，会危及电动机的绝缘和安全运行；在瞬态过程中，巨大的电磁力有可能损坏电动机的端部绕组。为了准确地预测并防止这些不良现象的产生，都需要进行电磁场的计算，有限元法正是计算电磁场的一种有力工具。

（4）在汽车产品开发中的应用。作为制造业的中坚力量，汽车工业一直是以有限元为主的计算机辅助工程（CAE）技术应用的先锋。有限元法在汽车零部件结构强度、刚度的分析中最显著的应用是在车架、车身设计中的应用。车架和车身有限元分析的目的在于提高其承载能力和抗变形能力、减轻其自身重量并节省材料。对于整个汽车而言，当车架和车身重量减轻后，整车重量也随之降低，从而可以改善整车的动力性和经济性等性能。应用有限元法对整车结构进行分析，可在产品设计初期对其刚度和强度有充分认识，使产品在设计阶段就可保证使用要求，缩短设计试验周期，节省大量的试验和生产费用，是提高产品可靠性既经济又实用的方法之一。它在汽车设计及产品开发中的应用使得汽车在轻量化、舒适性、操纵稳定性和安全性等方面都得到了极大的提高。

（5）在物流运输行业中的应用。运输是物流的重要环节，但在运输过程中包装件不可避免地会遇到碰撞、跌落等冲击，致使产品遭到致命损坏。采用有限元技术模拟包装件在运输中碰撞、跌落等状态，能够减少或避免不必要的人工反复实物实验和破坏性实验，缩短实验周期，降低实验成本。吴彦颖通过跌落模拟分析计算了不同工况下运输包装件的冲击力学响应，并结合以往的环境试验结果，得出了缓冲包装的可靠性和包装件内部无法检测部件的环境适应性结论；还将理论模拟结果与模拟试验测量结果进行对比，验证了数值模型和模拟方法的有效性。国内对产品采用不同材料作为缓冲包装均进行了有限元跌落模拟分析。国外研究人员对电视、烤箱、收音机等电子产品采用缓冲包装后，利用有限元软件进行跌落模拟，主要研究模拟分析过程中的关键技术。

（6）在建筑业中的应用。现如今有限元技术在建筑业也表现出了巨大作用。天津大学从事有限元研究的人员采用有限元分析方法对河北古寺塔进行了地震反应模拟分析。研究发现，水平地震作用下，塔结构在下部会出现拉应力集中区域，更容易产生开裂等破坏现象，而且强烈地震的鞭梢效应会导致塔刹破坏。因此提出了采用塔体加箍、碳纤维布加固等措施来对塔体进行抗震加固。

（7）在复合材料中的应用。复合材料的种类繁多，其组成成分以及材料结构的可设计性极强。由于其结构的复杂性，在实际运作中很难分析清楚结构内部所产生的变化，有限元方法的出现很好地弥补了该领域的空缺。通过有限元模拟分析，可以清楚地了解复合材料复杂的内部结构在实际应用中的变化情况，从而起到损害预防、优化材料结构和提高材料使用寿命的目的。目前，无论是在金属基复合材料、陶瓷基复合材料、抑或是树脂基复合材料的热力学、电磁学等研究方面，有限元的应用都屡见不鲜。

4.2.3　先进树脂基复合材料热氧老化的有限元预测模型

4.2.3.1　三向正交结构的多尺度几何模型建立

如前文所述，先进树脂基复合材料的热氧老化是一个极其复杂的过程，涉及纤维老化、树脂基体降解以及纤维/基体界面的退化，其中任何一项的改变，对材料的性能都有巨大的影响，而由于老化实验的特殊性，对材料进行常规实验将耗费大量的资源。因此，若能通过有限元模拟的方式来预测复合材料在热氧老化条件下材料的变化并建立相关的模型，不仅能够节约大量资源，还能够对材料进行优化，提高材料的抗老化性能。为此，笔者采用有限元模型研究了热氧老化温度对三向正交机织碳纤维增强环氧复合材料层间剪切性能的影响，具体研究流程如下：

（1）材料制备。T700S–12K和T300S–6K碳纤维混合使用在三维织机上制成三向正交结构预制件，然后真空辅助采用树脂传递模塑成型工艺（Vacuum assisted resin transfer molding, VARTM）将其与JC系列环氧树脂固化成三向正交机织复合材料（3DOWCs）。为了对比分析，制备与三向正交复合材料纤维体积含量一样的二维层合正交复合材料（2DPWCs）。图4–14为两种结构的原理示意图，表4–13为预制件相关工艺参数。

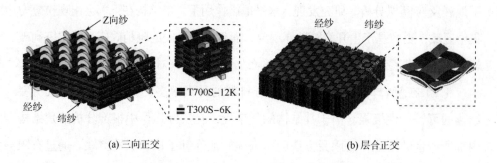

(a) 三向正交   (b) 层合正交

图4–14　三向正交与层合正交结构预制件原理图

表4–13　三向正交与层合正交结构预制件工艺参数

结构类型	纱线密度/（根·cm⁻¹）			层数
	经纱	纬纱	Z向纱	
三向正交	5	5	5	11
层合正交	1.3	1.3	—	18

（2）有限元模型的确立。笔者采用有限元法分别在常温（25℃）和高温（150℃）的条件下模拟了3DOWCs的剪切性能，以揭示温度和Z向纱对

3DOWCs剪切性能的影响。关于模型的详细信息如下：

①多尺度几何模型。在有限元中模拟中，代表性单元细胞（Representative unit cell，RUC）常被用于与微观结构结合来预测纤维增强复合材料的力学行为。然而，由于双切口剪切试验的特殊性，RUC模型不能用于该实验。基于三向正交机织预制件和环氧树脂的微观几何结构，笔者建立了多尺度（微观尺度、中观尺度和宏观尺度）几何模型来进行该工作，如图4-15所示。复合材料由大量的碳纤维长丝和树脂基体组成，在固化过程中，碳纤维之间的微小空隙被环氧树脂完全填充，因此为了简化该模型，采用由纤维长丝和树脂组成的纤维束，在中尺度单元细胞上建立了等效纤维束的RUC几何模型。然后采用商用ABAQUS软件中的布尔运算得到基体模型。最后，根据试样的尺寸，通过复制单元细胞，进一步得到复合材料的全尺寸模型。然而，全尺寸模型由于元件数量多，模拟剪切过程需要花费大量时间。由于理想的几何模型尺寸的大小对具有相同重复结构的复合材料性能是没有影响的。因此，在研究中就利用小尺寸模型来代表全尺寸模型完成复合材料剪切试验的模拟。

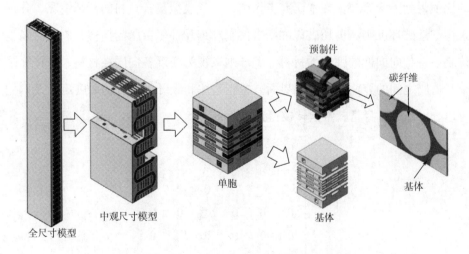

图4-15　3DOWCs的多尺度微观结构几何模型

②材料模型：在材料模型中，碳纤维被认为是与温度无关的材料，表4-14为碳纤维常温（25℃）时的力学参数。而树脂基体的性能在很大程度上依赖于

温度，如图4-16所示。

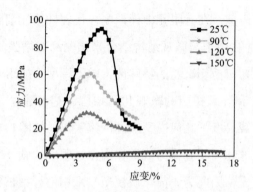

图4-16　高温下环氧树脂的压缩应力—应变曲线

因此，笔者在FEM中假定树脂是受温度影响的材料。根据Haque的研究，计算了不同温度下环氧树脂基纤维束的性能参数，结果如表4-15所示。具体情况如下：高温环境下对环氧树脂基纤维束进行压缩实验，然后从实验结果中提取了载荷—位移曲线的初始斜率。发现除泊松比之外，其他所有弹性性能均被相同的因素影响并下降，通过高温下试样的压缩模量与常温下试样的压缩模量的比值得到下降系数。在本研究工作中，为了模拟复合材料的断裂情况，分别采用韧性破坏准则和剪切破坏准则来控制纤维和环氧树脂的损伤。假定树脂基体是一种各向同性的弹塑性材料，碳纤维束视为横观各向同性材料，并将纤维束与树脂之间的界面视为理想界面。树脂基体和碳纤维二者的柔度矩阵$[S_m]$ $[S_f]$可以分别通过自身材料常数转换得到：

$$[S_m] = \begin{bmatrix} S_{11}^m & S_{12}^m & S_{12}^m & 0 & 0 & 0 \\ S_{12}^m & S_{11}^m & S_{12}^m & 0 & 0 & 0 \\ S_{12}^m & S_{12}^m & S_{11}^m & 0 & 0 & 0 \\ 0 & 0 & 0 & S_{44}^m & 0 & 0 \\ 0 & 0 & 0 & 0 & S_{44}^m & 0 \\ 0 & 0 & 0 & 0 & 0 & S_{44}^m \end{bmatrix}$$

式中：角标m代表树脂基体，$S_{11}^m = \dfrac{1}{E_m}$，$S_{12}^m = -\dfrac{v_m}{E_m}$，$S_{44}^m = \dfrac{1}{G_m}$；$E_m$和$G_m$分别为环氧树脂弹性模量和剪切模量；$v_m$为树脂泊松比。

$$[S_f]=\begin{bmatrix} S_{11}^f & S_{12}^f & S_{12}^f & 0 & 0 & 0 \\ S_{12}^f & S_{11}^f & S_{12}^f & 0 & 0 & 0 \\ S_{12}^f & S_{12}^f & S_{11}^f & 0 & 0 & 0 \\ 0 & 0 & 0 & S_{44}^f & 0 & 0 \\ 0 & 0 & 0 & 0 & S_{44}^f & 0 \\ 0 & 0 & 0 & 0 & 0 & S_{44}^f \end{bmatrix}$$

式中：角标 f 代表碳纤维，$S_{11}^f=\dfrac{1}{E_{11}^f}$，$S_{12}^f=-\dfrac{v_{12}^f}{E_{11}^f}$，$S_{22}^f=\dfrac{1}{E_{12}^f}$，$S_{12}^f=-\dfrac{v_{23}^f}{E_{22}^f}$，

$S_{44}^f=\dfrac{1}{G_{23}^f}$，$S_{55}^f=\dfrac{1}{G_{12}^f}$；$E_{11}^f$ 和 E_{22}^f 分别为碳纤维轴向和径向弹性模量；G_{12}^f 和 G_{23}^f 为碳

纤维剪切模量；v_{12}^f 和 v_{23}^f 为碳纤维轴向和径向泊松比。

表4-14　碳纤维在常温（25℃）时的弹性参数

性能参数	碳纤维
纵向弹性模量（E_{11}）/GPa	230
横向弹性模量（E_{22}）/GPa	30
剪切模量（G_{13}）/GPa	12.5
剪切模量（G_{23}）/GPa	15
泊松比（v_{12}）	0.3

表4-15　环氧树脂基纤维束在不同温度下的弹性参数

性能参数	25℃	90℃	120℃	150℃
纵向弹性模量（E_{11}）/GPa	161.66	161.39	161.20	161
横向弹性模量（E_{22}）/GPa	9.49	6.41	3.66	0.137
剪切模量1（G_{13}）/GPa	3.65	2.38	1.32	0.047
剪切模量2（G_{23}）/GPa	3.48	2.34	1.33	0.049
泊松比（v_{12}）	0.3	0.3	0.3	0.3

③3DOWCs的双切口剪切试验模型。3DOWCs的双切口剪切试验模型如图4-17所示，图4-17（b）为各构件的详细网格方案，这里没有考虑材料内部缺陷，如空隙等。采用线性六面体单元（C3D8R）对经纱、纬纱进行网格划分；

采用C3D8R和C3D6R两种网格对Z向纱进行网格划分。考虑到树脂基体几何结构的复杂性和不规则性，选择了线性四面体单元（C3D4）作为树脂基体。

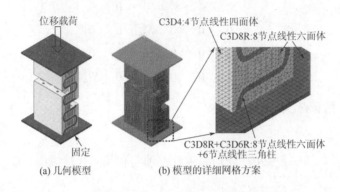

图4-17 双切口剪切试验模型示意图

（3）模拟分析。笔者采用小尺寸模型计算3DOWCs的双切口剪切失效过程，更直观地了解失效模式。图4-18为3DOWCs、三向正交预制件和环氧树脂基体在常温（25℃）下双切口剪切实验的主要损伤模拟过程，选取6个代表性弯矩来描述实验过程中应力的传递过程。发现在变形达到4.0%之前，应力主要集中在经纱上，这是因为经纱与外力加载方向平行，实验初始阶段它们在应力传递方面起主要作用。当应变达到4.0%左右时，中间的经纱发生破坏，说明试样中出现了纤维断裂。之后，应力集中区域由经纱转移到了Z向纱线上，这意味着随着应变的增加，经纱和Z向纱线分别起到抵抗剪切破坏的作用。这正是3DOWCs表现出明显非线性行为的主要原因（图4-19）。图4-18还显示了剪切试验下基体的破坏过程。根据树脂基体的应力轮廓可知，实验过程中应力主要集中在中间切口区域。树脂的破坏是由相应Z向纱的剪切损伤造成的。从有限元模拟中可以看出，在整个实验过程中3DOWCs依次经历了纤维破坏、树脂基体损伤和材料完全破坏这三个过程。

在老化环境下，当温度高于T_g时树脂基体就会失去承载能力，此时复合材料的增强体成为唯一的承载构件，其应力状态和损伤程度对复合材料的整体力学性能有重要影响。为此，笔者选取了高于环氧树脂T_g的老化温度（150℃）进行有限元模拟，来了解高于T_g时材料增强体结构的变化。图4-20即为在150℃下

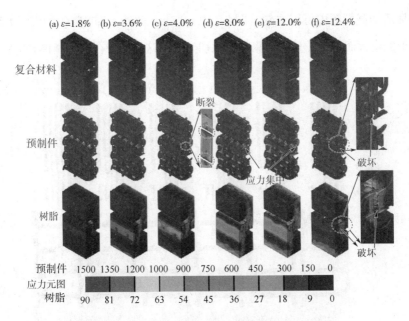

图4-18　3DOWCs在25℃时的主要损伤过程模拟图

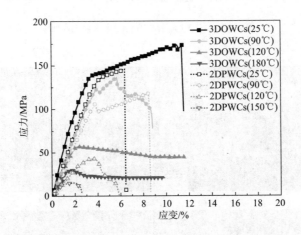

图4-19　3DOWCs在不同温度下的剪切应力—应变曲线

进行剪切实验时经纱和Z向纱的应力分布和传播。图中只观察到经纱的屈曲，这一现象产生的原因归根于树脂基体软化后引起的纱线横向弹性模量与剪切模量的不同。因为在150℃时，纤维束的横向弹性模量为0.137GPa，剪切模量为0.047GPa（表4-15）。因此，3DOWCs在高温下容易受到延性损伤，这一点在材料破坏后的截面图中可以看到［图4-21（d）］。此外，Z向纱的剪切应力随着剪切变形的增大而增大，且主要集中在双切口处。这意味着在树脂基体和纤维/基体

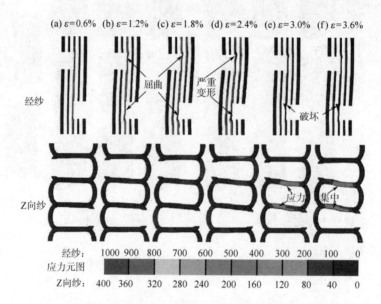

图4-20　3DOWCs在150℃的主要损伤过程

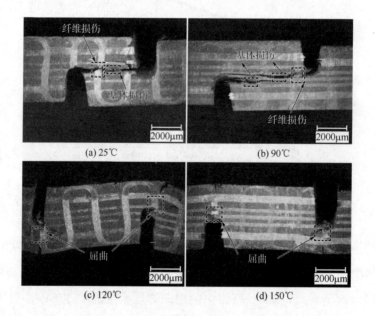

图4-21　不同温度下3DOWCs的断口形貌

界面性能退化的高温环境下，Z向纱有助于材料抵抗外界剪切载荷，也是剪切载荷的作用而使得Z向纱线产生了张力效应。这正是在相同的高温条件下3DOWCs比2DPWCs表现出更高的ILSS和剪切模量的原因（图4-19）。

从以上模拟结果可以看出，实验过程中试样内部发生的一些初始损伤，如微屈曲、纤维损伤和轻微分层，导致了曲线产生非线性现象，而破坏模式的变化主要是高温导致环氧树脂热软化所造成的。当老化实验温度低于树脂基体的T_g时，Z向纱对3DOWCs的剪切性能有一定的改善作用，但作用不明显；而当温度接近或者高于T_g时，其强化效果表现显著。此外，通过有限元模型分析可以看到，纤维增强先进树脂基复合材料在力学性能测试时，材料内部发生的复杂应力集中与破坏模式很难用常规手段直观表现处理，在高温老化条件下进行实验时更是如此，但采用有限元模型分析可以很清楚地知道材料内部的破坏模式和应力集中区域，且模拟结果与实验结果吻合良好，这也正是有限元模型的优势所在。

4.2.3.2　三维编织结构的均质模型与多层模型建立

先进树脂基复合材料在热氧老化条件下表面会形成一种薄薄的氧化层。为了从有限元角度了解基体氧化层局部性质差异对复合材料性能的影响，张曼（三维编织复合材料热氧老化效应及压缩性质降解机理）根据三维编织复合材料在180℃老化16天的宏观准静态压缩测试结果和微观纳米压痕测试结果，建立了均质模型和分层模型两种模型。

（1）模型定义：所谓均质和分层代表编织复合材料有限元模型所赋予的树脂基体属性。分层模型可呈现复合材料老化后由氧化反应导致的基体性质不均匀分布，而均质模型则引入树脂块老化后整体性质变化，是一种简化模型。

图4-22所示为两模型横截面示意图，其中白色小六边形区域代表编织纱分布。图4-22（a）均质模型中的基体区域统一为橙色，表示所有基体单元属性完全相同；图4-22（b）分层模型中不同颜色分别代表表面氧化层、第一过渡层、第二过渡层和未氧化中心。不同区域厚度和性质与纳米压痕测试结果保持一致。在此，不同区域树脂塑性性能差异不作考虑。从180℃老化16天环氧树

脂准静态压缩响应中提取基体塑性性质，同时引入当前两个模型，针对"分层模型"，主要考虑热氧化所引起的基体局部性质差异，内部编织纱性质差异忽略不计。

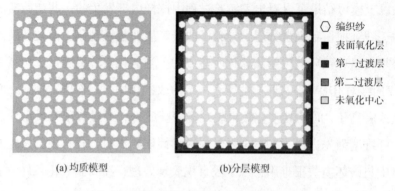

(a) 均质模型　　　　　　　(b)分层模型

图4-22　三维编织复合材料老化模型示意图

（2）模型参数定义：均质模型中基体弹性参数由环氧树脂准静态压缩应力—应变曲线线性段拟合得到，分层模型中基体弹性参数则根据纳米压痕所得模量变化率换算而来。两个模型基体取相同的塑性参数，由准静态压缩应力—应变曲线屈服段提取而得。针对180℃老化16天编织复合材料，两种细观有限元模型基体组分性质参数见表4-16。

表4-16　均质模型和分层模型树脂基体性质参数（180℃老化16天）

项目		E_m/GPa	G_m/GPa	v_m	σ_m^s/GPa
未老化初始值		2.40	0.890	0.35	93.83
均质模型		2.17	0.804	0.35	75.35
分层模型	表面氧化层	2.49	0.923	0.35	75.35
	第一过渡层	2.29	0.851	0.35	75.35
	第二过渡层	2.23	0.828	0.35	75.35
	未氧化中心	2.16	0.802	0.35	75.35

在低于200℃热空气中，碳纤维基本不会发生老化，其性质保持不变。编织纱被看作由碳纤维和环氧树脂共同构成的单向复合材料，其性质受树脂影

响，老化后发生改变。针对180℃老化16天后复合材料有限元模型，编织纱弹塑性性质参数分别见表4-17、表4-18，其中R_{11}代表纤维轴向。

表4-17　未老化及180℃老化16天编织纱弹性参数

项目	E_{11}/GPa	E_{22}/GPa	E_{33}/GPa	G_{12}/GPa	G_{13}/GPa	G_{23}/GPa	v_{12}	v_{13}	v_{23}
未老化	169.49	8.13	8.13	3.59	3.59	2.77	0.27	0.27	0.42
180℃	169.49	7.81	7.81	3.40	3.40	2.65	0.27	0.27	0.42

表4-18　未老化及180℃老化16天编织纱塑性常数R_{ij}

项目	R_{11}	R_{22}	R_{33}	R_{12}	R_{13}	R_{23}
未老化	28.58	1.00	1.00	0.80	0.80	1.07
180 ℃	28.58	0.86	0.86	0.66	0.66	0.91

关于编织复合材料老化前纱线/基体界面性质参数，引用了Nishikawa和Phadnis等的研究。在180℃热氧环境中老化16天后，复合材料界面产生明显可见裂纹，部分纱线与基体脱黏，界面黏结性变差。但考虑到模型预置裂纹复杂性，采用简化方案，通过弱化有限元模型界面参数来表征编织复合材料老化后的界面损伤。具体界面参数见表4-19。

表4-19　初始及180℃老化16天后界面参数

项目	K_n/ (N/mm₃)	$K_s=K_t$/ (N/mm₃)	τ_n^0/MPa	$\tau_s^0=\tau_t^0$/MPa	G_n^c/ (N/mm)	$G_s^c=G_t^c$/ (N/mm)	β
未老化	4×10^6	1×10^6	120	150	0.25	1.0	1.0
180 ℃	2.67×10^6	6.67×10^5	80	100	0.17	0.67	1.0

（3）接触定义及加载模式：整个有限元模型的计算过程通过有限元分析软件静态求解器ABAQUS/Standard和LINUX系统操作平台实现。分析步类型采用Static General，压缩载荷分析步步长设置为50s。采用通用接触（General contact）定义压板和试样之间的接触，切向摩擦系数设为0.2。编织纱之间定义为自接触（Self contact），纱线和树脂基体界面用内聚力模型（Surface-based cohesive behavior）定义，其中纱线外表面设置为主面（Master surface），基体内表面设置为从面（Slave surface）。在准静态压缩过程中，将上下压板设置为刚体，压缩前后无变形，加载方式采用速度加载，在竖直方向给上压板施加一个大小恒定为2mm/min的速度，除上压板加载方向位移自由度外，对上下压板进行完全自由度约束。

（4）模拟实验结果。①应力—应变曲线。三维编织复合材料180℃老化16天后准静态面外压缩有限元模拟值与实验结果对比如图4-23所示。由于氧化区域基体单元模量较高，"分层模型"模拟所得应力—应变曲线要略高于"均质模型"，但两者差异很小，两条曲线基本重合且与实验结果吻合良好。这是因为编织复合材料老化过程中，氧化反应仅局限在材料表面一定厚度范围内，与试样整体尺寸相比，氧化层很薄，故其局部模量差异对编织复合材料整体压缩应力—应变曲线影响较小。由此可见，"均质模型"虽为简化模型，但仍可有效模拟三维编织复合材料热氧老化后准静态面外压缩应力—应变响应特征。

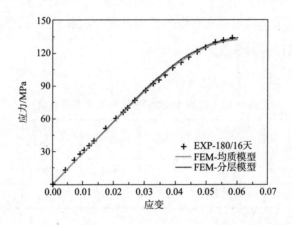

图4-23　三维编织复合材料准静态面外压缩应力—应变响应（180℃热氧老化16天）

②内部应力及损伤分布。图4-24和图4-25所示为准静态压缩加载后，"分层模型"和"均质模型"所得编织复合材料内部应力状态及界面损伤分布。通过云

图对比可以发现，两个模型所得树脂基体、编织增强体内部应力及界面损伤分布基本一致，即使在表面氧化区域，应力大小和界面破坏程度也并未表现出明显差异，可见氧化层对编织复合材料受载过程中应力分布及界面损伤影响不大。

图4-24对比显示应力—应变曲线末端时刻，"分层模型"和"均质模型"模拟所得编织复合材料应力分布。为了更清晰呈现材料内部应力状态，将垂直于Y轴截取不同位置剖面云图，并将树脂基体和编织增强体应力分布分开显

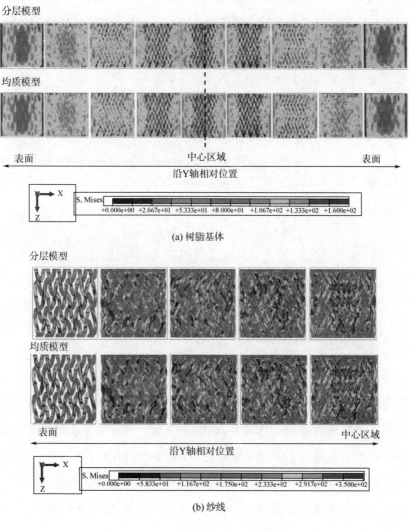

图4-24 复合材料应力分布云图对比

示。图4-24（a）所示为树脂基体应力云图。沿中心位置，基体应力分布基本左右对称，表明三维编织结构复合材料可看作准横观各向同性材料。基体中心部位和轴向棱边处出现应力集中，内部应力集中区呈现编织纱交错形态，体现出显著的结构效应。基体材料表面应力水平较低。图4-24（b）所示为纱线应力分布云图，由于编织结构准横观各向同性，纱线内部应力基本呈对称分布，此处仅取一半放大显示。编织增强体应力集中区多发生在纱线中段部位，两自由端应力相对较小。相比于内部直线段，编织纱表面屈曲部分更容易产生应力集中。图4-25是两个模型得到的界面损伤分布，标尺中"CSDMG"为损伤变量D，用灰度图表征损伤程度，颜色越深，界面损伤越严重。可以看到"分层模型"和"均质模型"应力及界面损伤分布规律基本一致。

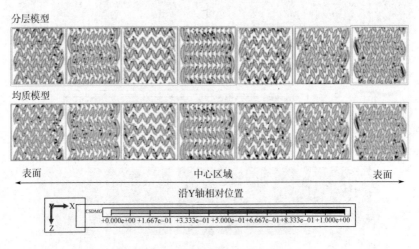

图4-25　界面损伤分布对比

为进一步定量比较两个模型所得材料内部应力大小，分别沿内纱、面纱和角纱选择三条代表性路径，如图4-26（a）所示。提取沿所选路径基体和编织纱上对应位置节点应力，应力—位置关系见图4-26（b）~（d）。左列曲线图为两个模型所得到基体应力差异，除虚线框内局部位置外，两模型模拟得到的基体应力—位置曲线图基本重合。对比左侧纱线在复合材料内部空间分布，发现曲线图中应力存在差异的位置为复合材料表面氧化区域，在此处分层模型所

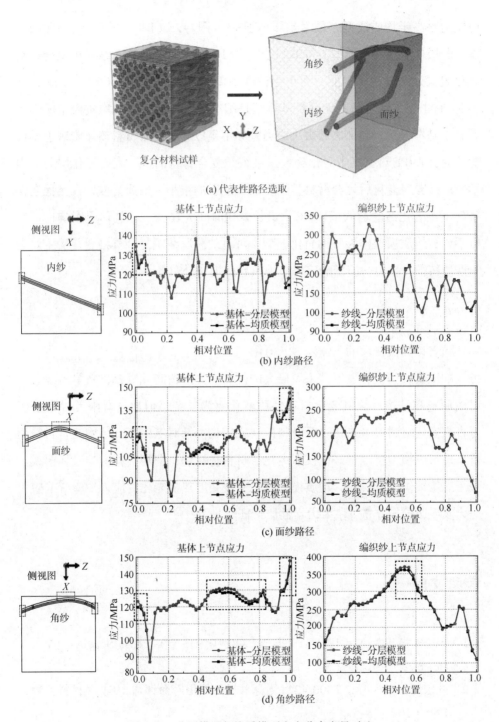

图4-26   分层模型与均质模型应力分布定量对比

得应力略高于均质模型，最大差异小于3%。图4-26（b）~（d）右列曲线图显示分层模型和均质模型所得编织纱应力分布差异。只有在角纱靠近复合材料氧化表层处两模型所得应力大小存在微小差异且最大差异小于2.8%［图4-26（d）右］。由此可见，无论是基体还是编织纱，分层模型和均质模型所得应力分布基本一致，局部区域微小应力差异不足以影响复合材料整体宏观力学性能。对在180℃热空气中老化16天三维编织复合材料而言，表面氧化层局部力学性质差异对老化后复合材料整体压缩性能影响很小。依此类推，在其他老化条件下（老化温度均低于180℃，最长老化时间为16天），氧化层影响也可忽略不计，均质模型作为一种简化模型，可有效获取编织复合材料老化后主要力学性质特征（应力—应变响应、应力及界面损伤分布等）。

4.2.4　小结

随着计算机技术的飞速发展，有限元分析方法成为当代材料性能分析必不可少的工具，为人类发展带来了极大的便利。先进树脂基复合材料具备复杂的组成原料和结构，热氧老化材料性质变化更为复杂，但通过有限元模型法仍可直观表述材料热氧老化之后材料的性能变化。针对三向正交结构复合材料而言，多尺度模型可以很好地模拟老化后材料在双切口剪切实验中的破坏模式。关于三维编织复合材料，均质模型可以有效获取热氧老化后应力—应变响应、应力及界面损伤分布等主要力学性质特征。

参考文献

［1］BULMANIS V N, GUNYAEV G M, KRIVONOS V V. Risa Spavlam［M］. Moscow: USSR, 1991.

［2］叶宏军，詹美珍. T300/4211复合材料的使用寿命评估［J］. 材料工程，1995（10）：3-5.

［3］肇研，梁朝虎. 聚合物基复合材料自然老化寿命预测方法［J］. 航空材料学报，2001（2）：55–58.

［4］常新龙，李正亮，胡宽，等. 应用桥联模型预测复合材料吸湿老化剩余强度［J］. 复合材料学报，2010，27（6）：208–212.

［5］李晖，张录平，孙岩，等. 玻璃纤维增强复合材料的寿命预测［J］. 工程塑料应用，2011，39（1）：68–73.

［6］李余增. 热分析［M］. 北京：清华大学出版社，1978.

［7］卜乐宏，吕争青. 拉挤成型玻璃钢托架的湿热老化性能及使用寿命［J］. 上海第二工业大学学报，2007，24（2）：117–124.

［8］芦艾，王建华. 高分子材料库存条件下性能变化研究法［J］. 四川化工与腐蚀控制，2000，3（4）：34–37.

［9］WIEDERHORNS W. An error analysis of failure pre–diction techniques derived from fracture mechanics［J］. Journal of the American ceramic, 1976（32）：403–411.

［10］刘观政，张东兴，吕海宝，等. 复合材料的腐蚀寿命预测模型［J］. 纤维复合材料，2007（1）：34–36.

［11］CIUTACU S, BUDRUGEAC P, NICULAE I. Accelerated thermal aging of glass–reinforced epoxy resin under oxygen pressure［J］. Polymer degradation and stability, 1991, 31（3）：365–372.

［12］王松桂，陈敏，陈立萍. 线性统计模型［M］. 北京：高等教育出版社，1999.

［13］KIM J, LEE W I, TSAI S W. Modeling of mechanical property degradation by short–term aging at high temperatures［J］. Composites Part B：Engineering, 2002, 33（7）：531–543.

［14］居滋培. 可靠性工程［M］. 北京：原子能出版社，2000.

［15］茆诗松，程依明，濮晓龙. 概率论与数理统计教程［M］. 北京：高等教育出版社，2011.

［16］韩西，钟厉，李博. 有限元分析在结构分析和计算机仿真中的应用［J］. 重庆交通学院学报，2001，20：124–126.

［17］张曼. 热氧老化对三维编织复合材料压缩性质影响［D］. 上海：东华大学，2018.

［18］吴彦颖，郑全成. 运输包装件跌落冲击响应仿真分析［J］. 中国包装工
业，2007，79-81.

［19］周占学，麻建锁，张海. 柏林寺塔抗震性能非线性有限元分析［J］. 工业
建筑，2010，40（2）：63，74-76.

［20］MOHAMMAD H H, PRIYANK U, SAMIT R, et al. The changes in flexural
properties and microstructures of carbon fiber bismaleimide composite after
exposure to a high temperature［J］. Composite Structures, 2014, 108：57-64.

［21］NISHIKAWA M, OKABE T, TAKEDA N, et al. Determination of interface
properties from experiments on the fragmentation process in single-fiber composites
［J］. Materials Science and Engineering A：Structural Materials Properties
Microstructure and Processing, 2008, 480：549-557.

［22］PHADNIS V A, FARRUKH M, ANISH R, et al. Drilling in carbon/epoxy
composites：Experimental investigations and finite element implementation
［J］. Composites Part A-Applied Science and Manufacturing, 2013, 47：
41-51.

第5章 耐极端环境先进树脂基复合材料制备展望

先进树脂基复合材料在加工、储存和应用过程中，不可避免会受到许多环境因素（如紫外辐射、氧、臭氧、水、温度、湿度、化学介质和微生物等）的影响，这些环境因素通过不同的机制作用于先进树脂基复合材料，影响其表面及内部状态，从而导致其性能下降，甚至损坏变质，最终影响复合材料的安全使用寿命。因此，越来越多的研究者关注于先进树脂基复合材料的防护。第2章和第3章阐述了通过三维整体结构的预制件（如三维编织、三维机织）和界面改性的方法提高先进树脂基复合材料的耐环境性能，除此之外，还可以通过表面功能涂层防护、基体改性和其他界面改性等方法提高先进树脂基复合材料的耐极端环境性能。

5.1 表面功能涂层防护

在材料表面喷涂涂层是把树脂基复合材料封闭起来，与腐蚀环境隔绝的技术路线，是一种简单且有效的防护方法。表面涂层的种类有很多，有热喷涂、冷喷涂、化学气相沉积涂层、磁控溅射涂层和溶胶—凝胶法涂层等。

5.1.1 热喷涂

热喷涂是以一定形式的热源将粉状、丝状或棒状喷涂材料加热到熔化或熔融状态，然后用喷射气流使其雾化喷射在基体表面而形成喷涂层。按照热源种类不同，热喷涂通常可分为粉末火焰喷涂、超音速火焰喷涂、电弧喷涂和等离子喷涂。由于在喷涂过程中基体表面受热的程度较小且涂层厚度可控，因此有着广泛的应用。

5.1.2 冷喷涂

冷喷涂主要是采用金属、陶瓷或塑料作为喷涂材料，利用高压气体在收放型 laval 喷嘴产生的超音速流动，使粉末在高速气流中形成高速粒子流（300 ~ 1000 m/s）撞击基体，通过较大的塑性流动变形而沉积于基体表面形成涂层。由于涂层是粒子以很高的动能撞击基体，并在连续的冲击夯实作用下形成。所以，涂层组织比较致密，气孔率低。

5.1.3 化学气相沉积

化学气相沉积是利用气态或蒸气态的物质在气相或气—固界面上发生反应生成固态沉积物的过程。化学气相沉积的方法很多，如常压化学气相沉积、低压化学气相沉积、超高真空化学气相沉积、激光化学气相沉积、等离子体增强化学气相沉积等。

5.1.4 磁控溅射

磁控溅射是电子在电场的作用下加速飞向基片的过程中与氩原子发生碰撞，电离出大量的氩离子和电子，电子飞向基片。氩离子在电场的作用下加速轰击靶材，溅射出大量的靶材原子，呈中性的靶原子（或分子）沉积在基片上成膜。该方法的特点是成膜速率高，基片温度低，膜的黏附性好，可实现大面积镀膜。该技术可以分为直流磁控溅射法和射频磁控溅射法。

5.1.5 溶胶—凝胶法

溶胶—凝胶法是将含高化学活性组分的化合物经过溶液、溶胶、凝胶而固化，再经热处理而成的氧化物或其他化合物固体的方法。

5.2 基体老化防护

树脂基体在纤维增强树脂基复合材料中的作用主要有：黏结所有纤维成为一个整体；保护纤维免受外界环境的损伤；向纤维有效传递载荷；阻止纤维断裂时裂纹的扩展。然而，树脂基体在多种环境因子的共同作用下，容易开裂，会为氧气进入材料内部提供额外的通道，并且会吸收环境中的水分，最终引起树脂基体性能衰退。因此，提高树脂基体抗老化的关键在于提高树脂基体抗裂纹的能力和对外界水分子的阻隔性。目前，常用的方法是对树脂基体进行改性或在树脂基体中添加第二相粒子。

5.2.1 树脂基体改性

对树脂的改性主要是降低固化后树脂的内部强吸水基团的数量。这种方法可有效改善树脂基体的亲水性，但同时也可能影响树脂基体的其他性能。

在树脂基体中添加抗氧剂也是一种提高树脂基复合材料耐久性的常用方法。抗氧剂是指能抑制或延缓聚合物老化过程的添加剂，根据作用机理可以分为三类：链终止型抗氧剂—主抗氧剂，氢过氧化物分解剂—副抗氧剂，金属钝化剂—助抗氧剂。链终止型抗氧剂能够与已产生的自由基或过氧自由基反应，降低其活性，而其自身也转变成不能继续链反应的低活性自由基；氢过氧化物分解剂能够使高分子过氧自由基转变为稳定的羟基化合物；金属钝化剂主要是与某些过渡金属络合或者螯合，使其减弱高分子材料的氧化老化。这三种抗氧剂如果复合使用，一般会产生很好的协同作用。

5.2.2　添加第二相粒子

在树脂基体中添加第二相粒子，一方面是阻止树脂基体中裂纹的扩展，另一方面是阻挡水分子的渗透。

常用颗粒增强的方法来提高树脂基复合材料的抗裂纹扩展能力，对这一现象的解释机理主要有裂纹钉扎、裂纹偏转、微裂纹。裂纹钉扎机理认为，复合材料内部裂纹在扩展过程中遇到增强相时，裂纹的尖端会扎入增强相中，从而起到中止裂纹的继续扩展的作用。增强相颗粒作为阻碍裂纹扩展的钉扎点，必须与基体之间有着强的界面结合强度，这样才能起到屏障作用。裂纹偏转理论认为，当裂纹的尖端接触到刚性颗粒时，裂纹会发生倾斜或者扭转而偏离原来的方向。这意味着裂纹的扩展路径会更长，尖端的应力也会被减弱。微裂纹机理是指由于遇到刚性粒子发生分叉生成二次裂纹的现象。新生成的二次裂纹扩展需要吸收更多的能量，从而有效地消耗了主裂纹上的能量。该理论认为，新的表面及颗粒的剥离都需要吸收应变能，因此，颗粒剥离过程可有效提高材料内部对裂纹扩展的抵抗能力。

利用高分子的自愈合也可以有效阻碍树脂基体中裂纹的扩展。目前学界多采用的方法为能量的补给和物质的补给。能量的补给主要是对试样进行加热，从而使材料获得能量；物质的补给是通过微胶囊或者空心纤维等将黏结剂添加到树脂基体中，基体受到损伤时，微胶囊和空心纤维破裂释放出黏结剂，从而使得环氧树脂基复合材料具有自愈合性能。例如，可利用铝粉氧化时的体积膨胀实现对树脂中的微裂纹产生弥合作用（图5-1）。

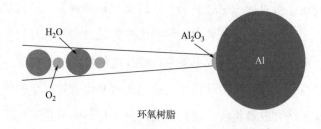

图5-1　复合材料中铝粉氧化示意图

在树脂中添加第二相物质可阻挡水分子的渗透。从物理的层面认为，第二相颗粒的添加可以提高树脂的阻隔性，并增加了水分子扩散时路径的曲折性，从而使树脂的抗老化性得到改善。当第二相物质为纳米材料时，即是对高分子聚合物进行改性，能够很好地提高聚合物材料的各种性能。除此之外，与传统的改性材料不同，纳米材料只需加入很小的量就可以显著地影响复合材料的各项性能。

5.3　界面老化防护

作为两相材料的"纽带"，界面对复合材料整体的力学性能具有十分重要的影响。它会影响纤维与树脂基体之间应力的传递、复合材料的裂纹扩展历程及复合材料对环境因素的适应性。然而，由于纤维与树脂基体之间的热膨胀系数、熔点、密度和表面能等有较大的差异，复合时难以形成有效的界面黏结，使得破坏易在界面处产生，最终影响复合材料的安全使用寿命。因此，对复合材料界面进行优化是提高复合材料安全使用的重要途径。当前提高界面性能的方法主要是对树脂基体进行改性和对纤维进行表面处理。

5.3.1　树脂基体改性

树脂基体改性就是对基体树脂进行功能化处理，在非极性烯烃聚合物或共聚物分子链上接枝上含有极性官能团的单体，使基体树脂功能化，提高基体的活性。改性后的树脂基体可以用作相容剂改善树脂与纤维之间的相容性，从而提高复合材料的力学性能。

5.3.2　纤维表面处理

对纤维进行表面处理一方面可以通过在纤维表面增加反应性活性官能团或在其表面接枝上热塑性共聚物，使其能够很好地与基体树脂黏合在一起，以保证树脂基体与纤维的界面不会发生滑移与脱黏，同时又可保证树脂基体与纤维的界面拥有一定的滑移能力，当受冷热循环以及外界载荷作用时，确保复合材料不会产生脆性破坏，从而达到提高复合材料性能的目的。这种纤维表面处理主要有物理改性和化学改性两种方法。其中，物理改性方法是通过等离子体、电子束和超声波等技术对纤维表面进行浸润、刻蚀和清洗，并在纤维表面引入羟基、羧基等活性基团，还可以在纤维表面形成一些活性中心，进而引发接枝反应，进一步改善纤维表面的物理和化学状态，加强纤维和基体之间的相互作用，最终改善纤维与树脂基体之间的界面性能。常用的物理改性方法有等离子体处理、表面涂层处理、超声浸渍改性、纤维表面 γ 射线处理等。化学改性则是通过化学反应在纤维表面引入氨基、羟基、羧基等活性或极性基团，通过化学键合或极性作用提高纤维与基体之间的黏合强度。但是，化学反应速度很快，不易控制，很难保证化学反应仅在纤维表面发生，极易损伤纤维。常用的化学改性方法有偶联剂处理、表面接枝处理、稀土元素处理等。

另一方面，可通过在纤维表面增加纳米材料，如碳纳米管、石墨烯或静电纺纳米膜，增强界面黏结性能。纳米材料增强的主要原理有三个：增加梯度界面层，可以将应力很好地从树脂传递给纤维；纳米材料中含有的羟基或含氧官能团能和树脂基体产生共价键；纳米材料使纤维表面变得粗糙，增加了界面间的摩擦，限制界面不同相的运动。因此，纳米材料能显著改善复合材料的界面性能。

5.4　未来发展趋势

极端环境作用下先进树脂基复合材料耐久性研究的突出问题是如何全面显著地提高先进树脂基复合材料的抗老化性能，归结起来主要有以下几点：

（1）先进树脂基复合材料防护涂层还需要不断地拓展创新，并且集中于创新树脂基体改性及修饰表面粗糙度制备工艺和优化组分等研究方向，保证基体表面清洁，提高基体的粗糙度，也可结合多种涂层方式，最终目的是为了提高涂层与基体间的结合强度。

（2）高性能基体以强度高、高刚性的多功能优异特点，作为老化防护的主流材料。然而，单独使用某一种基体很难满足一些特殊领域对先进树脂基复合材料综合性能的要求。因此，可开发出新型的基体或采用多种改性方法对常规基体进行多方面优化设计，全面提高树脂基体的耐久性。

（3）对纤维进行表面处理，需要根据不同的纤维种类选择相应的处理方式，也可以综合多种处理方式，提高纤维表面的活性和粗糙度，以提高聚合物基体与界面的结合能力，从而达到聚合物基复合材料抗老化性能的目的。

（4）目前，探索的先进树脂基复合材料耐极端环境的考验，大多数只考虑了单一的极端环境（如热氧环境、海水环境等），然而先进树脂基复合材料的使用条件往往是多种耦合环境，因此，未来需要探索如何提高多场耦合的极端环境下先进树脂基复合材料的耐久性问题。

参考文献

［1］甘霞云. 树脂基复合材料表面功能防护涂层的研究现状［J］. 材料导报，2017，30：307-12.

［2］叶明富，陈丙才，方超，等. 高分子材料的老化及防护［J］. 化学工程师，2018，32（7）61-63.

［3］郭等峰. 纳米二氧化硅/聚氨酯协同改性环氧树脂冲蚀磨损性能研究［D］. 兰州：兰州交通大学，2018.

［4］翟哲. 环氧树脂基复合材料增强及防老化性能研究［D］. 西安：西安理工大学，2018.

［5］BROWN E, WHITE S, SOTTOS N. Fatigue crack propagation in microcapsule-toughened epoxy［J］. Journal of Materials Science, 2006, 41（19）: 6266-6273.

［6］任春田. 纳米Al_2O_3环氧树脂复合材料性能研究与制备 ［D］. 长春：吉林大学，2006.

［7］季卫刚. 硅烷直接改性环氧涂层的防护性能及其作用机制 ［D］. 杭州：浙江大学，2007.